温室作物加氧灌溉理论与实践

谢恒星　高志勇　赵书英　著

U0341243

科学出版社

北京

内 容 简 介

本书首先介绍了农业灌溉的基本概念,并综述了国内外农业灌溉的发展历程,指出了农业灌溉的发展趋势,即节水农业是未来农业发展的主导方向;其次就目前常用的节水灌溉技术进行了分析,指出了每种灌溉方法的优缺点,并就充分灌溉和加氧灌溉的基本原理进行了论述;最后结合作者的温室灌溉实践,选取甜瓜和西瓜作为研究对象,就加氧灌溉对两种瓜类生理生化指标的影响进行了详细介绍。

本书内容翔实,条理清晰,可以作为精准农业和园艺开发科技人员的参考用书。

图书在版编目(CIP)数据

温室作物加氧灌溉理论与实践/谢恒星,高志勇,赵书英著. —北京:科学出版社,2018.1

　　ISBN 978-7-03-055323-2

　　Ⅰ. ①温…　Ⅱ. ①谢… ②高… ③赵… 　Ⅲ. ①温室–灌溉系统
Ⅳ. ①S625.5

中国版本图书馆 CIP 数据核字(2017)第 280564 号

责任编辑:亢列梅　李丽娇/责任校对:樊雅琼
责任印制:张　伟/封面设计:陈　敬

科 学 出 版 社 出版
北京东黄城根北街 16 号
邮政编码:100717
http://www.sciencep.com

北京中石油彩色印刷有限责任公司印刷
科学出版社发行　各地新华书店经销
*
2018 年 1 月第 一 版　开本:720×1000　1/16
2018 年 1 月第一次印刷　印张:9
字数:138 000

定价:98.00 元
(如有印装质量问题,我社负责调换)

前　言

近年来，温室种植在全国急速发展。采用温室种植的主要是蔬菜、花卉、中草药及一些树木。但由于外界大环境与温室小环境有反差，温室作物的生长环境一旦发生改变，植物生理生态将发生变化，引起需水规律的变化。这一问题属多学科的交叉领域，涉及栽培学、植物生理学、生态学、土壤学、气候学等学科，但最终控制的因素是温、水、肥、气四要素。长期以来研究者们多把重点放在水对温、肥的调控上，忽视了土壤通气的重要作用。

土壤通气性对作物正常的生长发育至关重要。土壤通气性是土壤中气体和大气之间不停地进行气体互换的功能；互换的气体主要是氧气与二氧化碳，故又称土壤呼吸作用。土壤呼吸作用主要由土壤微生物呼吸和根系呼吸组成。根系呼吸作用不但为植物生命活动提供了能源，而且呼吸作用的中间代谢产物为植物的物质合成提供了原料。土壤微生物通过呼吸作用完成了底物的分解和细胞物质的合成，实现了土壤养分的循环与转化。为了保持正常的土壤呼吸作用，土壤中必须富含空气。土壤氧气浓度较低时会造成根区低氧胁迫，进而影响作物正常的生理代谢和生长发育。低氧胁迫是由于土壤紧实或者地下水位较高或者不合理灌溉导致的土壤通气性不畅，根系及微生物呼吸作用减弱，作物呼吸作用和生长发育表现异常的现象。低氧胁迫会对作物产生以下不利的影响：①作物的新陈代谢速率下降，生长和发育进程延缓，植物有氧呼吸受阻或者中断，呼吸作用产生的腺苷三磷酸（ATP，高能磷酸化合物）水平下降。②低氧胁迫下，作物根系进行无氧呼吸，一些根系死亡，植物的地上部分则表现为叶片萎缩。由于根系缺乏足够的氧气供应，作物水分和养分利用效率下降，作物鲜重和干重显著下降。③低氧胁迫下，作物根区无氧呼吸酶活性显著提高，土壤微生物数量下降，土壤动物的正常生理活动受到阻碍。为缓解低氧胁迫对作物造成的不利影响，应提高土壤中氧气的浓度，改善土壤通气性。土壤通气性是表征土壤透气性和土壤中氧含量的综合指标，也是表示土壤肥力的综合指标之一，反映了土壤生物耗氧和二氧化碳产生过程及其与土壤和大气之间的气体传输过程的相互关系。

加氧灌溉是地下滴灌技术的改进，发展至今已有 20 多年。加氧灌溉通过地下滴灌系统将氧气或者含氧物质输送到作物的根区，满足根系生长发育的需要，改善土壤通气性，协调土壤水、肥、热条件，促进作物生长发育，有效提高作物的产量和品质。本书以温室甜瓜和西瓜为对象，探讨加氧灌溉对两种温室瓜类的节水增产效应，以期为精准农业的发展提供有意义的参考。

本书出版得到了陕西省教育厅重点科研计划项目"渭南湿地植物的调查与开发利用研究"（16JS031）和渭南师范学院自然科学类重点研究项目"洽川湿地生态系统评价研究"（17YKF04）的大力支持，在此表示感谢。

限于作者水平，书中不足之处在所难免，敬请读者批评指正。

作　者

2017 年 8 月于渭南师范学院

目　　录

第1章 绪　　论

1.1　农业灌溉的基本概念

灌溉即用水浇地，是为土地补充作物所需水分的技术措施。为了保证作物正常生长，获取高产稳产，必须供给作物充足的水分。在自然条件下，往往因降水量不足或分布不均匀，不能满足作物对水分的需求。因此，必须人为地进行灌溉，以补天然降水之不足。灌溉的原则是灌溉量、灌溉次数和灌溉时间要根据植物的需水特性、生育阶段、气候、土壤条件而定，要适时、适量，合理灌溉。灌溉的种类主要有播种前灌水、催苗灌水、生长期灌水及冬季灌水等。

目前，农业灌溉在世界粮食生产方面举足轻重，但是以其现状还不可能满足"预计" 2050 年世界人口增至 90 多亿而增加的粮食需求量[①]，因此需要提高灌水效率及增强其他生产投入的使用效率（肖卫华等，2010）。我国水资源并不丰富，分配还不均匀。当前，随着社会经济的腾飞，人口增长迅速，人类生产生活对水的需求量也不断增加，水资源短缺已成为制约我国社会经济可持续发展的重要因素（赵玲萍等，2010）。而且，农业用水占全国总用水量的绝大部分，其用水量占全社会总用水量的 70% 以上（彭彦明等，2009）。面对 21 世纪水资源日益紧张的情况，为满足可持续发展要求，必须使灌溉系统在设计和运行管理上实现突破，以便解决传统灌水方式效率低的问题，找到提高作物产量的方法。例如，在转基因品种和水肥等生产投入的全面应用下，同样应考虑节水灌溉新技术的发展应用。当前，世界上许多国家水资源在时间和空间上分布不均匀。例如，以色列地处干旱半干旱的沙漠地带，为克服降水不足，以色列大力开发灌溉地，农业用水中 20% 为可饮用水；灌溉方法主要是滴灌和喷灌，水的利用率分别可达 95% 和 80%；全部采用计算机管理，利

---

① 《世界人口展望（2017 修订版）》. http://world.people.com.cn/n1/2017/0622/c1002-29356042.html。

用水分感应器自动调节灌溉，包括灌溉时间、灌溉次数、灌溉间隔、灌溉量等。澳大利亚有 70%的地区年降水量在 500mm 以下，全国地面水资源不多，他们不断采用新的节水灌溉方法。例如，把 12cm 的滴灌带埋入地下，把水和肥料溶液直接滴灌到西红柿等农作物的根部，多余肥料不会污染水渠，这样不但节约大量水肥，而且可获得 90%的优质蔬菜，实现了优质高产，传统的灌溉方法只能收获 60%～70%。

1.2 世界农业灌溉发展概况

1.2.1 世界农业灌溉发展现状分析

20 世纪以来，全球的灌溉事业得到了迅速的发展。1900 年世界灌溉面积仅 8 亿亩*左右，1971 年发展到 25.88 亿亩，1981 年为 32.12 亿亩，到 1988 年为 34.30 亿亩。1988 年，全世界耕地（包括多年生作物）面积约为 221.31 亿亩，灌溉面积约占耕地总面积的 15.50%，人均灌溉面积 0.69 亩。从 1971 年到 1988 年的 18 年里，灌溉面积每年以约 5000 万亩的幅度增加，年增长速度为 1.67%。农业灌溉的发展现状有以下特点。

1. 发展速度不均衡

从区域来看，亚太地区与欧洲发展较快；从国家来看，发展中国家则比发达国家发展得快。1971～1988 年，世界灌溉面积占耕地的比例提高了 3.24 个百分点，而同期亚太地区和欧洲分别提高了 5.45 个百分点和 4.32 个百分点，发展中国家提高了 3.48 个百分点，发达国家只提高了 2.56 个百分点。

2. 区域分布不均衡

从人口、耕地、灌溉面积占世界的比例及人均灌溉面积来看，全世界的灌溉面积主要集中在亚太地区、北美和中美洲及欧洲（包括俄罗斯），它们分别占全球灌溉面积的 63.36%、11.29%和 16.65%，而人口和耕地分别占世界总数 11.92%和 12.56%的非洲，其灌溉面积仅占 4.87%。

据联合国粮食及农业组织（Food and Agriculture Organization of the

---

* 1 亩≈666.67m²。

United Nations，FAO）生产年鉴所统计的 140 个国家和地区的数据来分析，目前灌溉面积超过 1500 万亩的国家和地区有 33 个，其中亚太地区和欧洲分别占 16 个（48.48%）和 7 个（21.21%）；灌溉面积占耕地面积比例超过 15%的有 56 个，亚太地区和欧洲分别占 28 个（50%）和 10 个（17.86%）。

灌溉面积超过 2 亿亩的国家有中国、印度、俄罗斯、美国和巴基斯坦。这五个国家的灌溉面积占全世界的 61.79%，其中中国和印度合占 40.74%。

以上分析说明，无论是发展速度还是灌溉面积占耕地的比例，都是亚太地区发展较快，这与 20 世纪 60 年代以来该地区所推行的"绿色革命"是分不开的。"绿色革命"所推广的优良品种只有在相应的水肥条件下才能发挥增产的作用，发展灌溉是推广"绿色革命"的基本条件。因此，亚太地区的各国政府都十分重视农田水利建设，并给予大量的投资。例如，印度从 20 世纪 50 年代以来，就已大幅度地增加水利投资，1951～1980 年的 30 年间，用于发展灌溉的投资占农业总投资的一半，占政府总投资的 10%以上。在 1981～1985 年和 1986～1990 年的两个五年计划中，为了加速推广"绿色革命"，农业及灌溉投资分别占公营投资部分的 23.70%和 22%。

农业灌溉已覆盖了从大田作物到多年生作物的几乎所有主要农作物，包括水稻、小麦、棉花、玉米、甜菜、蔬菜、饲料作物、水果、可可等。

1.2.2 农业灌溉发展过程中存在的问题

（1）带来生态环境问题。大中型灌区和大规模的跨流域引水灌溉，带来了土壤盐碱化和次生盐碱化及泥沙淤积、水土流失等一系列生态环境问题。有的地区发展井灌，造成地下水严重超采，出现了大面积地下水位下降和"漏斗"现象。

（2）灌溉工程的投资费用高，致使许多发展中国家不堪负担。据世界银行对非洲国家的 11 个大型现代化灌溉工程的调查，$1hm^2$ 投资费用平均达 3930 美元，高者达 14835 美元。亚洲开发银行对其 80 个贷款项目的统计显示，新建灌区的造价每公顷达 1790 美元，高者达 19500 美元，估计今后的投资费用还会继续上升。

1.2.3　农业灌溉发展的趋势

1. 节水型农业灌溉将是世界农业灌溉发展的主流方向

节水型农业灌溉就是应用节水灌溉技术、与之相配套的节水耕作技术和农作制度以及加强水资源管理的各种措施，最大限度地利用一切可利用的农业水资源，提高水资源的利用率和边际生产率，达到经济、有效合理地利用水资源。

全球性的水资源短缺是节水型农业灌溉产生的直接原因。早在1977 年联合国就已经向全世界发出警告："水不久将成为继石油危机之后的另一个更为严重的全球性危机"。据统计，全世界有 100 多个国家缺水，严重缺水的已达 40 多个。我国是 40 多个严重缺水的国家之一。水资源短缺的主要原因是：①降水的时空分布不均匀。全球降水量的 78%落入海洋，只有 22%落在陆地上，落在陆地上的降水也同样不均匀。全球干旱区（年降水量小于 250mm）和半干旱地区（年降水量为 250～500mm）分别占全球土地总面积的 25%和 30%。欧洲是人口密集和工农业高度发达的地区，而降水量不到全世界总降水量的 7%。亚洲人口占全世界的 50%以上，降水量不到世界总量的 30%。②随着人口的增长和城市化及工业化的发展，人均水资源拥有量将继续减少，农业用水将会受到更严峻的挑战和制约。③水资源的污染也导致了可利用的水资源总量减少。问题的严重性还在于水资源短缺将是长期存在的危机。

另外，农业灌溉又是"用水大户"，而且损耗浪费严重。据统计，全世界用水总量中农业用水占 70%以上，第三世界国家农田灌溉用水占已开发水资源总量的 85%～90%。而世界各国农业水资源的利用效率只有 30%～40%，低的甚至只有 20%。

节水型农业灌溉正是人们针对水资源短缺及其严重程度和对农业灌溉水资源利用损耗浪费严重而采取的战略性选择。要保证农业灌溉持久的发展，就必须采取节水灌溉技术以及与之相配套的农作制度和耕作技术等。

节水型农业灌溉包含了一套完整的农业生产技术体系。从世界各国的研究和实践经验来看，主要包括以下几方面的内容：①节水灌溉技术。

它采用防渗渠道、改沟渠输水为管道输水的方法，以减少输水渗漏损耗；采用全新的微灌（包括喷灌和滴灌）技术，以提高水资源的利用效率；采用喷灌和滴灌技术不仅提高了灌溉水的有效利用率，也找到了一条避免因灌溉而产生盐碱化现象的新措施。目前微灌技术在全世界范围内得到广泛的应用，据统计，全世界微灌面积 1991 年已达 2653.5 万亩。发展微灌技术比较快的国家有以色列、罗马尼亚、俄罗斯、美国等，它们的微灌面积分别占已灌溉面积的 95%、80%、47% 和 40%。②节水耕作技术和农作制度，包括平整土地、采用抗旱保墒的耕作技术，选育耐旱品种、调整作物结构与布局等。③加强水资源的管理，制订完善的灌溉制度。在对作物生长发育各阶段需水量进行科学分析的基础上，制订科学的灌溉定额，实行定时定量灌溉。总之，各种新技术和传统技术都可以在节约灌溉用水方面大显身手。目前，节水型农业灌溉的生产技术体系已被称为发展持久农业的关键技术之一。

2. 充分利用雨水发展农业灌溉

世界上除了降水量特别少的干旱地区外，半干旱和半湿润地区的面积分别占全球的30%和20%，它们每年平均有250～500mm 和 500～1000mm 的降水量可以为农业所利用。这些地区，通过建立合理的农作制度，采取抗旱蓄水保墒的耕作栽培技术，同时发展适当的灌溉设施来克服季节性和年际间雨量分配不均造成的干旱现象，以取得较高和较稳的农业收获。

3. 农业灌溉与水土保持、环境保护相结合

各国在进一步发展农业灌溉时要更加注意吸取历史的经验和教训，加强灌溉农区的工程配套，灌溉与排水并重，防止土壤盐碱化和次生盐碱的发生；在兴建大规模灌区和跨流域引水灌溉时要更加重视避免和克服对生态环境可能造成的不良影响；从宏观上看，也要重视水资源的规划和管理监测工作，以保证水资源的永续利用和建立一个持久的农业灌溉生产体系。

1.3　我国农业灌溉的发展历史

中国是一个农业大国，人口多、耕地少、水资源紧缺、旱涝灾害

频繁。特殊的气候、地理等自然条件及社会条件决定了中国农业必须走农业灌溉的发展道路。我国农业灌溉的发展有几个重要时期。

1.3.1 春秋战国时期

我国是世界上从事农业、兴修水利最早的国家。早在 5000 年前的大禹时代就有"尽力乎沟洫""陂障九泽、丰殖九薮"等农田水利的内容，在夏商时期就有在井田中布置沟渠，进行灌溉排水的设施，西周时在黄河中游的关中地区已经有较多的小型灌溉工程，如《诗经·小雅·白华》中就记载有"滮池北流，浸彼稻田"，意思是引渭河支流泥水灌溉稻田。春秋战国时期是我国由奴隶社会进入封建社会的变革时期，由于生产力的提高，大量土地得到开垦，灌溉排水相应地有了较大发展。著名的有魏国西门豹在邺郡（现河北省临漳县）修引漳十二渠灌溉农田和改良盐碱地，楚国在今安徽寿县兴建蓄水灌溉工程芍陂，秦国蜀郡守李冰主持修建都江堰使成都平原成为"沃野千里，水旱从人"的"天府之国"。

1.3.2 秦汉时期

秦汉时期是我国第一个全国统一国力强盛时期，也是灌溉排水工程第一次大发展时期，特别是西汉前期的水利建设大大促进了当时社会经济的发展。郑国渠（建于公元前 246 年）是秦始皇统一六国前兴建的灌溉工程，当时号称灌田 400 万亩，使关中地区成为我国最早的基本经济区，于是"秦以富强，卒并诸侯"。汉武帝时，引渭水开了漕运和灌溉两用的漕渠，之后又建了引北洛河的龙首渠，引泾水的白渠及引渭灌溉的成国渠。汉代除了在统治的腹心地区渭河和汾河谷地修建灌溉工程外，还为了巩固边防、屯兵垦殖，在西北边疆河西走廊和黄河河套地区修建了一些大型的渠道引水工程。

1.3.3 隋唐北宋时期

我国第二个灌溉排水工程发展时期是隋唐至北宋时期。唐朝初年，定都长安，曾大力发展关中灌溉排水工程；安史之乱后，人口大量南迁，江浙一带农田水利工程得到迅速发展，沿江滨湖修建了大量圩垸，排水垦荒种植水稻，塘堰灌溉更为普遍。同时提水工具也得到改进和推广，扩大了农田灌溉面积。到晚唐时期，太湖地区的赋税收入已超过黄河流域，成为新的基本经济区。到北宋时期，长江流域人口占全国人口的比例已从西汉时的不足 20%上升到超过 40%。宋神宗支持王安石变法，颁布了《农田利害条约》(又称《农田水利约束》)，这是第一个由中央政府正式颁布的农田水利法令，同时还设立全国各路主管农田水利的宫史，使农田水利建设得到进一步发展。南宋王朝偏安江南后，又进一步推动江南水利的发展，不仅苏浙一带水利得到长足发展，而且东南沿海及珠江三角洲水利建设也开始有所发展。

1.3.4　明清两代

明清两代是我国历史上第三个灌溉排水工程发展时期。这一时期全国人口有了较大增长，从元代的 5000 多万人，发展到明代的 9000 万人，到清代康熙年间超过了 1 亿多人，到清代末年已达到 4 亿人，全国人口在 500 多年的时间里增长了近 7 倍。由于人口的增长，耕地面积和亩产必须相应地扩大和增长，也促进了水利的大发展。明、清时期长江中下游的水利已得到广泛开发，仅在洞庭湖区的筑堤围垦，明代就有 200 处，清代达四五百处，所谓"湖广熟而天下足"，可见两湖地区已成为全国又一个基本经济区。与此同时，南方的珠江流域、北方的京津地区、西北和西南的边疆地区灌溉事业都有了很大的发展；东北的松辽平原在清中叶开禁移民以后，灌溉排水工程也有所发展。

1.3.5　19 世纪后期

19 世纪中期以后，由于帝国主义的入侵，我国沦为半封建半殖民地社会，这一时期水利在局部地区虽有所发展，但是总的来说是日趋衰落。19 世纪后期，由于西方近代科学技术传入中国，一批水利学者从国外学习归来，开办水利学校，传播先进科学技术。1914 年，我国第一所水利专科学校——河海工程专门学校在南京成立。1917 年以后，长江、黄河等流域相继设立水利机构，进行流域内水利发展的规划和工程设计工作。1930 年由李仪祉先生主持，开始用现代技术修建陕西省泾惠渠，之后又相继兴建了渭惠渠、洛惠渠等灌区。

1.3.6　中华人民共和国成立以后

经过历史上的几次大起大落，到 1949 年全国灌溉面积有 1600 万 hm^2。

中华人民共和国成立以来，进行了广泛持久的灌溉排水工程基本建设，取得了举世瞩目的巨大成就，为我国农业和国民经济的持续发展提供了不可替代的基础设施和物质保证。到 2003 年底，全国灌溉面积达到 5580 万 hm^2，40%的耕地有了灌溉设施。1949 年，灌溉用水量不到 1000 亿 m^3，约占当时耕地面积的 16.3%，人均灌溉面积 0.03hm^2。到 2003 年，灌溉用水量达到 3300 亿 m^3。

1980 年以来，灌溉水有效利用率和生产效率逐步提高。按实灌面积计算，1980 年全国平均每平方千米农田灌溉用水 8745m^3，1997 年下降到 7800m^3。同期每平方米灌溉水生产粮食从 0.6kg 左右提高到 1kg 左右。全国共建设万亩以上的灌区 5686 处，灌溉面积 2200 多万 hm^2，占全国农田灌溉面积的 43%。全国共有水库 84905 座，总库容 4571 亿 m^3，其中除少数大型水库主要用于防洪和发电外，绝大部分水库具有灌溉供水的功能。截至 2002 年底，全国已发展节水灌溉面积 1860 多万 hm^2，其中喷灌面积 247 多万 hm^2，微灌 30 多万 hm^2，低压管道输水灌溉 614 多万 hm^2，渠道防渗控制面积 756 多万 hm^2。非工程节水面积达到 1670 万 hm^2，其中 800 万 hm^2 是采用控制灌水方法的水田。除涝达到 2027 万 hm^2，占需要治理的易涝面积的 83%。

虽然我国灌排事业取得了很大的成就，但也面临着严重的挑战，水资源短缺已经成为社会经济可持续发展的主要制约因素。2002 年，全国总用水量为 5497 亿 m^3，占当年水资源总量的 19.5%，其中，农田灌溉用水占 61.4%。今后总供水量虽然会有所增加，但随着工业和城市化的发展及人民生活水平的提高，越来越多的水被用来满足工业和居民生活的需要，灌溉用水将更加紧张。农业灌溉缺水量每年达 300 多亿 m^3，但农业用水浪费严重，全国灌溉水利用率只有 40%左右。20 世纪 70 年代，全国农田受旱面积平均每年约 1100 万 hm^2，到 20 世纪 80 年代和

20 世纪 90 年代分别达平均每年约 2000 万 hm^2 和 2700 万 hm^2。此外，我国水资源污染尚未得到有效控制。根据 2002 年的水质评价结果，在调查评价的 12.3 万 km 河长中，四类水河长占 12.2%，五类或劣五类水河长仍占 23.1%。

全国洼涝、盐碱、渍害农田面积近 3300 多万 hm^2，这些低产农田经过 40 多年的开沟排水和综合治理，大部分都得到不同程度的改善。但随着农业发展对治理标准要求的提高，以及部分地区人类活动对自然环境的破坏，进一步治理的任务还很大。

1.4　农业灌溉的主要方法

1.4.1　漫灌

漫灌是在田间不做任何沟埂，灌水时任其在地面漫流，借重力作用浸润土壤，是一种比较粗放的灌水方法。漫灌要挖沟渠，以前用人工，后来用牲畜、拖拉机，再后来用激光测距的先进机械。漫灌方式的选择取决于经济和地理条件，如需要灌溉的地域面积大小、可用的技术、人工费用等。植物在畦和垄沟中排成行或在苗床上生长，水沿着渠道进入农田，顺着垄沟或苗床边沿流入；也可以在田中用硬塑料管或铝管引水，在管上取相同间隔距离开孔灌溉，用虹吸管连接渠道。

温度、风速、土壤、渗透能力等不同，漫灌容易造成有的地方水多、有的地方水不足的现象；管道可以控制水流量，也可以移动，因此可以控制这种不均的现象产生。如果采用自动阀门更可以增加效率。

漫灌比较浪费水资源，需要较多的劳动力，并且容易造成地下水位抬高，因此会使土壤盐碱化，在发达国家已经逐渐被淘汰。但由于其只需要少量的资金和技术，在多数发展中国家仍然被广泛使用。

1.4.2　喷灌

喷灌是借助水泵和管道系统或利用自然水源的落差，把具有一定压力的水喷到空中，散成小水滴或形成弥雾降落到植物上和地面上的灌溉方式。喷灌是由管道将水送到位于田地中的喷头中喷出，有高压和低压之分，也可以分为固定式和移动式。固定式喷头安装在固定的地方，有的喷头安装在地表面上的一定高度，主要用于需要美观的地方，如高尔夫球场、跑马场草地、公园、墓地等。如果将喷头和水源用管子连接，使得喷头可以移动，便为移动式喷灌，将塑料管卷到一个卷筒上，可以随着喷头移动放出，也可以人工移动喷头。

喷头的压力一般不能超过 200bar（$1bar = 10^5 Pa$），过高会产生水雾，影响灌溉效益。喷头有可以转动的，转动方式可以是 360°回转，也可以是转动一定角度；也有喷枪式，可以在 275～900bar 的压力下工作，喷射较远，流量达到 3～76L/s。喷枪还可以用于工业防尘。

与传统灌溉方式相比，喷灌的优点表现为以下几点。

（1）省水。由于喷灌可以控制喷水量和均匀性，避免产生地面径流和深层渗漏损失，水的利用率大为提高，一般比漫灌节省 30%～50%的水，省水还意味着节省动力，降低灌水成本。

（2）省工。喷灌便于实现机械化、自动化，可以节省大量劳动力。由于取消了田间的输水沟渠，不仅有利于机械作业，而且大大减少了田间劳动量；喷灌还可以结合施入化肥和农药，也可以省去很多劳动量。据统计，喷灌所需的劳动量仅为地面灌溉的 1/5。

（3）提高土地利用率。采用喷灌时，无须田间的灌水沟渠和畦埂，比地面灌溉更能充分利用耕地，提高土地利用率，一般可增加耕种面积7%～10%。

（4）增产。喷灌便于严格控制土壤水分，使土壤湿度维持在作物生长最适宜的范围内。而且在喷灌时能冲掉植物茎叶上的尘土，有利于植物呼吸和光合作用。另外，喷灌对土壤不产生冲刷等破坏作用，从而保持土壤的团粒结构，使土壤疏松多孔，通气性好，这有利于增产，特别是蔬菜的增产效果更为明显。

（5）适应性强。喷灌对各种地形适应性强，不需要像地面灌溉那样整平土地，在坡地和起伏不平的地面均可进行喷灌。特别是土层薄、透水性强的沙质土，非常适合采用喷灌。此外，喷灌不仅适于所有大田作物，而且对于各种经济作物、蔬菜、草场都可以获得很好的经济效果。

喷灌具有很多优点，但是也有缺点。首先是投资费用大，就目前条件来看，移动式喷灌系统最便宜，尽管如此，单位投资也需要 20～50 元/亩；其次是受风速和气候的影响大，当风速大于 5.5m/s 时（相当于 4 级风），风会吹散水滴，导致喷灌均匀性降低，不宜进行喷灌；最后，在气候十分干燥时，蒸发损失增大，也会降低效果。

喷灌中使用的设备包括时针式喷灌机、平移式喷灌机和绞盘式喷灌机。

时针式喷灌机是一种移动式喷灌机，喷灌头安装在有轮子支撑的电镀钢管或铝管上，围绕一个中心旋转，从中心枢轴输送水，使整个喷灌机喷灌面积形成一个圆。这种喷灌机械在美国使用得很普遍。这种机械喷头可以吊在钢管上，只在植物上面喷洒，有的可以吊到近乎地面上，直接在植物之间的地面上喷洒，可以减少由于蒸发而损失的水。时针式喷灌机的旋转可以由水力推动，也可以由电机推动，大多数都使用电机。这种机械灌溉的面积是一个圆形，每个圆形之间的空档不能被灌溉利用，因此只适合在耕地面积充分的地区使用。

平移式喷灌机也称为连续直线移动式喷灌机，是一个长管道，每隔一定间隔有一个支架，支架上有轮子，喷头在管子上，整个管道平行移动喷洒，水由管道一头输入，喷灌面积可以达到几千平方千米。

绞盘式喷灌机也称为卷盘式喷灌机，采用水涡轮式动力驱动系统。采用大断面小压力的设计，在很小的流量下，可以达到较高的回收速度，水涡轮转速从水涡轮轴引出一个两速段的皮带驱动装置传入减速器中，降速后链条传动产生较大的扭矩力驱动绞盘转动，从而实现 PE 管的自动回收。同时经水涡轮流出的高压水流经 PE 管直接送到喷头处，喷头均匀地将高压水流喷洒到作物上空，散成细小的水滴均匀降落，并随着 PE 管的移动而不间歇地进行喷洒作业。

喷灌的缺点是蒸发也会损失许多水，尤其在有风的天气时，不容易均匀地灌溉整个灌溉面积，水存留在叶面上容易造成霉菌的繁殖。如果灌溉水中有化肥，在阳光强烈的炎热天气会造成叶面灼伤。

1.4.3　滴灌

滴灌是当今世界最先进的灌水技术之一。在正确的系统设计和高水平的田间作物水分管理条件下，滴灌系统能够适时适量地进行灌溉，在作物的根区创造出适宜的水、肥、气、热条件，从而获得节水、高产、优质的效果。滴灌可以频繁、缓慢地施加少量的水，浸润作物的根部，能够非常精确地在时间和空间上调控土壤水分，可以创造和控制促进作物生长或根系需要的土壤水分条件，使作物的水分条件始终处在最优的状态下，而避免其他灌水方式产生的周期性水分过多和水分亏缺情况，并能有效地减少深层渗漏。因此，滴灌能够显著提高作物产量和水分利用效率。滴灌不但适用于园艺花卉、蔬菜和果树等具有较高经济价值的作物，随着全球性淡水资源短缺的发生，滴灌逐渐也用于大田作物，如棉花、玉米等。

滴灌的节水增产效应表现为以下几方面。

（1）减少水分无效损耗、提高作物水分利用效率。滴灌系统能够把水从水源毫无损耗地传送到作物的根区，相比于沟灌、畦灌在渠道内的渗漏和蒸发损失及喷灌在空气中的蒸发和漂移损失，滴灌没有明显的输水损失。有效地减少棵间无效蒸发损失，是节约农业用水的重要途径。灌水方式直接影响着土壤蒸发量占总蒸发蒸腾量的比例。滴灌仅湿润部分土壤，通常情况下该方式灌溉土壤的蒸发损失总量较地面灌或喷灌大为减少，并能有效地减少深层渗漏。Shrivastava 等（1994）对番茄的实验表明，在滴灌番茄的用水量仅为漫灌用水量 50%的情况下，把番茄产量由漫灌的 $3.2 \times 10^4 kg/hm^2$ 提高到 $4.2 \times 10^4 kg/hm^2$，水分利用效率由漫灌的 $5.7 kg/m^3$ 提高到 $13.4 kg/m^3$。

（2）改善根区土壤水、热、气状况，促进作物生长。通过对滴灌系统进行仔细的设计与管理，可以创造和控制促进作物生长或根据需要控制作物生长的土壤水分条件，使作物的水分条件始终处在最优的状态下，从而避免了其他灌水方式产生的周期性水分过多和水分亏缺的情况。同时能够保持土壤具有良好的透气性，为作物根系的生长发育创造了良好的外部条件，从而能够协调作物地上和地下部分，为促进作物的生长、提高作物产量奠定基础。在滴灌条件下，土壤的大部分区域保持干燥高温状态，作物根区土壤水分含量较多导致其温度比周围土壤温度低，周围土壤通过热传导的方式将热量传输给根区土壤，使其温度有一定程度的增加。在地面灌或喷灌的条件下，田间土壤被全部湿润，整个田间土壤水分含量较高将导致其热容量较大，吸热增温的幅度较小。正因为改善了土壤的水热状况，滴灌的玉米和牛豆的出苗率显著高于漫灌处理。

（3）提高肥料和农药的施用效率，防止环境污染。现代农业中化肥和农药的使用一方面为作物健康生长创造了有利的条件，另一方面却由于使用不当而导致大量化学物质淋洗，使地下水受到了污染，严重威胁着人类的生存环境，这是人类面临的全球性问题。随着化学滴灌（drip chemigation）在农业领域中的应用，极大程度地改善了这一问题。化学滴灌就是利用滴灌系统将可溶性化学物质（包括化肥、杀虫剂和除草剂等）同灌溉水同时输送到作物的根部，从而避免了喷灌和撒播等施肥方式中的漂移损失，并且在作物和土壤的表面没有造成化学物质的残留，消除了径流和侵蚀对化学物质运移的可能。

（4）抑制杂草生长，减少病害发生。杂草在农业生产中造成的危害很大，导致作物产量减少和品质下降。滴灌能够保持农田大部分区域始终处于干燥缺水的条件下，在很大程度上减少了杂草的生存机会，有效地提高了作物的产量和品质。Philip（1971）的试验表明，滴灌番茄的杂草生长密度为 $57g/m^2$，仅为漫灌番茄的 45%。大多作物的病害发病概率和危害程度同气候和土壤条件密切相关，降水和土壤水分状况是激发多种真菌病害的重要因素（Wilcox et al.，1985）。既然灌溉影响土壤水分条件，那么病虫害的发生同灌水方式有着很大的关系（Dasberg，1995）。Xie 等（1999）对智利辣椒的试验表明，对于种植在感染了根腐病土壤上的辣椒，沟灌方式下的发病概率为 36.8%，显著高于滴灌处理的 3.3%，这说明滴灌创造了不利于真菌传播的土壤水分条件。

（5）改良盐碱土壤、促进作物生长。滴灌系统缓慢地施加水分浸润作物的根区土壤，可以将可溶性盐分充分溶解并排到四周和活动根区之下，创造出适合作物生长的土壤环境。以色列在采用地表滴灌初期，对作物进行咸水灌溉，地表滴灌成功应用的原因之一，就是能够在滴头附近形成低盐分的作物活动根系层。张建新等（2001）运用滴灌技术对含盐量达 20g/kg 的重盐碱土进行改良和利用，经连续 3 年的试验表明，0～60cm 土层累计脱盐率达 79.9%，皮棉产量达到 0.14kg/m^2 的中高产水平。

普通地表滴灌存在的问题主要有以下几点。

（1）设备质量问题。通过多年的技术引进、消化和吸收，我国已能独立生产相对成套的滴灌设备，部分滴灌设备产品性能水平已接近国外同类产品水平，但一些关键设备，特别是首部枢纽设备、自动控制设备等与国外同类先进产品相比仍存在较大的差距。总体来讲，产品品种少、缺乏系列化、配套水平低，并且一直没有形成规模，市场上没有多大的选择余地。另外，目前滴灌设备市场混乱、鱼龙混杂，缺乏有效的产品质量监督检验机构；价格无序、售后服务差，也制约了滴灌事业的顺利发展。

（2）设备管理问题。我国滴灌工程往往存在着一边建一边丢的现象。很多地区安装了滴灌后，使用不长时间即成了摆设，有的拔掉滴灌带（管），但继续使用输水主管道，成了"管灌"；有的则直接放弃不用，又恢复了沟灌。究其原因，关键在于管理不善。

（3）设计问题。滴灌系统工程一般为较小的工程，有可能没有科学、合理地进行设计和施工，致使工程从设计上就存在诸多问题，安装时往往又是组织临时队伍进行安装，故很难保证质量。

（4）使用技术问题。没有建立相应的滴灌灌溉制度，仍沿用传统的灌溉制度，一次灌水量过大或灌水时间过长、灌水定额过大，与传统沟灌方式没有多少差别，没有发挥其应有的优越性。另外，目前大多数农民还习惯于手工施肥紧接灌水的传统，即使设计安装了施肥装置，也很少使用甚至不用，形同虚设。由于基本上仍然使用固体颗粒肥料，并需事先溶解，增加了堵塞灌水器的机会，且由于施肥器一般容量较小，每次施肥量有限，在目前大多数菜农仍采用传统肥量的情况上，滴灌太麻烦。因此使用滴灌后，必须相应改变原有的灌水制度和施肥制度（包括肥料用量、施肥次数、施肥方式、肥料类型选择等），才能充分发挥出滴灌的优越性。

地下滴灌（subsurface drip irrigation，SDI）是微灌技术的一种，是在滴灌（drip irrigation，DI）技术日益完善的基础上发展而成的一种新型高效节水灌溉技术。它是通过地埋毛管上的灌水器把水或水肥的混合液缓慢流出渗入作物根区土壤中，再借助毛细管作用或重力作用将水分扩散到根系层供作物吸收利用的一种灌水方法。作为滴灌技术的一种，SDI 技术的特点和优越性使其从 20 世纪 80 年代初，就成为一门独立的灌水技术，并得到不断发展。SDI 技术具有显著的节水、节能、省工、增产、提高农产品质量及改善土壤环境等优点（黄兴法等，2002；程先军等，1999）。在我国，发展 SDI 技术有着十分重要的意义。

SDI 的最初研究是由美国的 House 在 1913 年首先进行的，但他得出的结论是该技术没有增加根区土壤含水量，且应用成本太高（胡笑涛等，2000）。到 1920 年，美国加利福尼亚州的 Charle Lee 申请了一个多孔灌溉瓦罐的技术专利，被认为是世界上最早的 SDI 技术（黄兴法等，2002）。第二次世界大战后，塑料工业的迅速发展为滴灌技术的应用带来了新的机遇。此时的 SDI 系统运行于低水头下，对水质和过滤设备的要求较低，应用中面临的主要问题是供水均匀性差，以及滴孔易堵塞。20 世纪 40 年代，德国用塑料管进行了 SDI 试验研究。到 1959 年，SDI 已在美国成为滴灌的重要组成部分。20 世纪 60 年代，用 PE 和 PVC 制造的多孔管、缝隙管及管上滴头已经用于 SDI。进入 20 世纪 70 年代，SDI 设备有了长足的进步，但世界各地通过大规模的田间试验发现 SDI 存在的诸多问题，如灌水均匀性差、滴头容易堵塞、作物根系有可能穿破毛管、系统维护困难等，也因此导致了 SDI 技术的发展速度远远落后于地面滴灌。

科学技术的飞速发展，材料和设备费用的降低，系统可持续运行时间长，使得 SDI 系统的年平均投资成本大大下降。无系统回收、重铺设等作业，使系统维护成本及劳动量减少，因此又引起了人们的重视和关注。在这段时间内，有关 SDI 技术及其应用的研究主要集中在提高灌水器制造质量和出流均匀性、优化系统设计参数（如系统毛管适宜的埋深和毛管间距等）、肥料和化学药品注入设备与技术、SDI 与作物产量、水分渗入等方面。其中最为显著的研究成果是 Mitchell 等（1982）撰写的《地下滴灌系统设计、安装和运行管理指南》，这意味着 SDI 技术开始步入规范化阶段。

我国自 1974 年从墨西哥引入滴灌设备至今，地面滴灌技术应用和设备开发已取得长足的进展。但 SDI 技术的初步应用则始于 20 世纪 80 年代初期，主要用于果树作物（程先军等，1999）。1991 年，山西省万荣县农民王高升自发投资用塑料管打孔做成地下滴灌管，使用后省水效果显著（仵峰等，2004）。后来，运城地区农民纷纷仿效，自发兴建果园地下滴灌工程，收到了良好效果，也取得了一些研究成果。但由于对 SDI 技术本身了解不够，采用人工打孔方式制成的灌水器存在缺陷，应用中系统供水均匀性较差、出水孔容易堵塞等问题没有得到很好的解决，影响了地下滴灌系统的正常使用和运行。"九五"期间，中国水利水电科学研究院对自行研制开发的 SDI 专用灌水器进行了田间试验研究，取得了明显的节水增产效果和良好的社会效益。聂新富等（2002）对新疆棉花进行 SDI 试验研究，也取得了良好的效益。

纵观国内外关于 SDI 系统的研究，主要表现在以下几个方面。

（1）设备和灌水器方面。国内外使用的 SDI 设备均来自地面滴灌系统，因此对这方面的研究也主要是针对灌水均匀度和滴头堵塞问题。中国水利水电科学研究院对内镶式或带有补偿性能的滴头采用外包无纺布处理地埋后，在防负压堵塞及提高均匀度方面都取得一定效果。王伟等（2000）通过滴灌带下铺设阻水塑料布，明显地改变了地下滴灌湿润体的形状和湿润体内部的土壤水分分布。许迪等（2002）研制了一种具有防负压堵塞的 SDI 灌水器，经改善使其压力流量关系达到 SDI 灌水器的国内领先水平。

（2）毛管埋深方面。Camp（1997）、Lamm 等（1997）、张国祥（1995）、Devitt 和 Milter（1988）的研究认为，毛管埋深必须与土壤条件、作物根系深度、耕作要求等相适应，对于果树，埋深可为 40cm 左右，而棉花宜为 10～20cm。马孝义和王凤翔（2000）对果树进行 SDI 试验，研究表明埋深对灌水均匀度和深层渗漏等有较大影响。何华等（2001）进行了 SDI 埋管深度对不同生育时期冬小麦根系生长和地上部分生长影响的试验研究，结果表明在重壤土上 40cm 是冬小麦进行地下滴灌的较好埋深。

（3）毛管、滴头间距方面。Devitt 和 Milter（1988）研究了在两种土壤种植牧草使用咸水灌溉的几种毛管间距，发现对沙壤土而言 60cm 是适宜的，但对黏土则要求更大一些。Lamm 和 Stone（1997）研究了 SDI 不同间距下玉米的平均产量，发现较宽的间距导致较低的产量和较差的水平分布均匀性，并认为 1.5m 是最优间距。但 Camp（1997）认为适当扩大毛管间距可以降低地下滴灌的投资。我国学者岳兵（1997）提出可将滴头间距从上段到下段逐渐减小，以提高灌水的均匀度。马孝义和王凤翔（2000）经试验比较，提出合理孔距为 60～80cm。

（4）灌溉制度方面。Caldwell 等（1994）对玉米地下滴灌的需水规律做了比较完整的研究。研究表明，在土壤水分亏缺量小于 20%时，地下滴灌的灌水周期从 1d 到 7d 对玉米产量没有明显影响。Machado 等（2003）认为高频次小流量的灌溉制度可以改善作物根层土壤水分布，以提高水分利用率和作物产量。

（5）土壤水分运动方面。Thomas 等（1974）通过模拟 SDI 线水源分布选择毛管间距和深度。Philip（1984）建立了三维非饱和土壤水的地上、SDI 点水源的运行模型，以此模拟无限、半无限区域的水分运动过程。我国学者张思聪等（1985）、李恩羊（1982）就渗灌条件下非饱和土壤水的二维流动做了数学模拟，对田间渗灌中若干问题提出了初步看法。吕谋超等（1996）对 SDI 土壤水分运动进行了室内试验研究。在此基础上，仵峰等（1996）在线水源条件下对 SDI 土壤水分运动进行了模拟。程先军和许迪（2001）、李光永和郑耀泉（1996）对 SDI 土壤水运动建立了相应的模型并进行了验证。这些试验研究，获得了有益的结论和成果。

（6）化肥和农药的施用方面。Camp（1997）对棉花的 SDI 试验研究发现，减少氮肥施用量仍可保持相同的产量。关于采用 SDI 技术对钾肥施用量的研究还极少见到相关报道。

（7）经济适应性方面。1995 年澳大利亚昆士兰州农场对甘蔗的 SDI 和 DI 进行了田间试验比较，结果表明前者的甘蔗产量及其含糖量均有所提高，每平方千米的收入从 2272 美元提高到 3104 美元。已有的 SDI 试验研究均表明，与其他灌水方法相比（包括地面滴灌），SDI 的作物产量均有所提高，至少不会降低，其节水效果比较显著。

（8）环境效应方面。这方面的研究虽然已引起了人们的关注，但还十分有限，主要是关于 SDI 减少深层渗漏、NO_3^- 淋溶和土表积盐等方面的试验研究。关于深层渗漏，研究上还有争议。岳兵（1997）认为，SDI 的深层渗漏比 DI 严重，采用高频次小定额灌水才可避免深层渗漏。Lamm 和 Stone（1997）经试验研究认为，SDI 技术可将养分的地表流失和深层渗漏降低到最低程度。尽管研究有限，但 SDI 的应用能减少氮素向地下的流失，进而减轻农业灌溉所带来的环境污染，这已经成为共识。关于土表积盐问题的研究，目前尚未见到可供应用的成果。

（9）设计和管理方面。目前，这方面的研究还很缺乏，SDI 在管网水力学性能和灌水均匀性等方面的研究与设计还是沿用地面滴灌方法。但 SDI 系统的设计和管理也具有自身的特殊性，如需安装进、排气阀门（防止负压堵塞）及需更好的过滤处理和更频繁的定期冲洗。

与其他灌水方法相比，SDI 有显著的优点（Phene and Beale，1992），主要表现在以下几方面。

（1）具有明显的节水效果。SDI 技术采用管道输水，减少了输水损失。灌水器埋在地表以下，不会产生地表径流，最大限度地降低了表层土壤的含水量，减少了棵间蒸发损失。在正确的安装和运行管理情况下，深层渗漏也可得到有效的控制。

（2）能够产生良好的环境效应。SDI 技术可以安全有效地将肥料或农药直接输送到作物根区附近，植物根区以下几乎没有深层渗漏和可溶性盐类，减少了对土壤和地下水的污染。

（3）能够改善农产品品质和提高产量。由于 SDI 技术可明显降低地表面湿度并保持较高的地温，耕作层土壤结构良好，为作物生长创造了良好的环境，有利于作物早熟和越冬，减少或防止病虫害的发生，改善产品品质，提高产品质量。另外，地下滴灌可避免过多根系对同化产物的浪费，从而可提高作物产量。

（4）肥料利用率高。应用 SDI 技术的优点之一就是可在作物全生育期内，适时适量地将营养元素（包括氮、磷、钾等其他微量元素）和农药精确而直接地送到作物根区。将水肥一起灌施于作物根区时，磷素养分迁移性差，不易迁移出根区，可被作物根系很好地吸收，因而用量较其他灌溉技术节省。氮素养分灌施于根区，可以减少氨态氮的挥发损失，并且 SDI 技术实行小定额高频次的灌溉制度，硝态氮随灌溉水渗漏至土壤深层的可能性较其他灌溉技术小，因而也可以节约氮素用量。

（5）减少杂草生长。地下滴灌使地表相对干燥，抑制了杂草的发芽和生长。

（6）不破坏土壤结构。SDI 技术没有地面灌溉时对土壤的冲刷和对土体结构的破坏，降低了由于灌溉而造成的土壤密实度，提高了根系活力。

（7）方便管理，不影响地面的各种农事操作活动。即使滴灌灌水期间，相对干燥的土壤表面也不影响田间劳作和机械化机具的操作。SDI 技术用于草坪灌溉，不会因为灌水而停止草坪的正常使用。

（8）延长了系统寿命。埋在地下的管道可以防止紫外线辐射、温度变化、耕作及其他小动物带来的危害，延长了系统的老化期，提高了系统的使用寿命。

（9）降低运行费用。SDI 技术可以小流量、低水头工作，节约了运行费用和能源。

（10）节省劳动力。SDI 系统固定埋设在耕作层以下，不需要经常搬动和铺设。另外，灌后地面较干燥、杂草少、土壤不板结，可免去施肥、除草和中耕保墒等田间作业，节省了劳动力。

尽管 SDI 技术有以上诸多优点，但也存在一些不足，主要表现为以下几方面。

（1）堵塞问题。同地表滴灌一样，地下滴灌的灌水器同样存在被灌溉水中的微小颗粒或微生物等堵塞的问题，而且存在另外两个造成堵塞的诱因：一是灌水停止后，毛管产生的负压可能将土壤中微小颗粒吸入灌水器的微孔而造成堵塞；二是植物根系的向水性生长可能使根侵入滴水孔引起堵塞。

（2）灌水均匀度不易控制。由于 SDI 系统埋入地下，对灌水器流量不能进行直接测量。灌水均匀度不仅受工作水头变化、温度差异和滴头制造偏差的影响，而且灌水器出口直接与土壤接触，受土壤质地、密实度及导水性能等的影响也较大，因而对系统运行的评价和灌水均匀度的测定都很困难。

（3）不利于种子发芽和苗期生长。地下滴灌毛管埋在地下一定深度，为了避免深层渗漏，表层土壤一般较干燥或供水不充分。这样将影响种子的萌芽和出苗，因此，在作物播种以后，若没有充足的降雨，应采用其他灌水方法以保证作物出苗整齐，由此增加了系统投资。

（4）运行管理要求高。SDI 系统埋于地下，系统发生故障后，检查、维修时间长，费用高，因此对系统日常运行管理非常严格。例如，应频繁冲洗支管、毛管，以去除管道中积累的土壤颗粒等沉积物。

据有关资料统计，美国目前 SDI 面积占微灌面积的 6.56%，已应用在玉米、棉花、蔬菜、果树等 30 多种作物的灌溉中。近年来，我国新疆、陕西、甘肃、山西等省份应用 SDI 技术于果树的灌溉面积有了较大的发展。虽然投资较高并且存在一些问题，但 SDI 技术的显著优点和巨大的节水潜力仍受到农户的欢迎和专家的重视。

地下滴灌被公认为是最有发展前途的高效节水灌溉技术之一。目前，世界范围的 SDI 技术水平与其他灌溉技术相比，尚处于初级阶段，对 SDI 的研究大多是基于地面滴灌的认识水平。我国 SDI 的设计主要参照《微灌工程技术规范》，设计理论尚不能满足实践要求。因此，需进一步对 SDI 系统的特殊性和复杂性加以研究，以克服其缺点，充分发挥其诸多优势，为 SDI 的设计、运行及管理提供合理的理论依据，这对推动我国节水灌溉的发展有着十分重要的意义。

1.4.4 微喷灌

微喷灌是利用折射、旋转或辐射式微型喷头将水均匀地喷洒到作物枝叶等区域的灌水形式，隶属于微灌范畴。微喷灌的工作压力低、流量小，既可以定时定量地增加土壤水分，又能提高空气湿度、调节局部小气候，广泛应用于蔬菜、花卉、果园、药材种植场所，以及扦插育苗、饲养场所等区域的加湿降温。

微喷灌技术的主要优点有：

（1）节水效果更好。微喷灌可以选择性地对作物根部直接灌水，减少土壤无效耗水。

（2）灌水质量高。微喷灌喷水如牛毛细雨，有利于根系发育，且不会引起土壤板结，还能改善土壤小气候，使株间湿度提高20%，气温降低 3～5℃，可以消除作物"午睡"现象，促进作物正常生长；同时微喷灌水滴小，无打击力，不会损伤作物嫩叶幼芽。

（3）适应性强。微喷灌不会在黏性土壤中产生径流，也不会在沙性土壤中产生渗漏，对土质的适应性强。同时既可以用于平原，也可以用于丘陵，对地形的适应性也比较强。

（4）防堵性能好。微喷头的出水孔径和出水速度大于滴头，因此相对滴灌堵塞的可能性大大减少，同时也降低了水质对过滤的要求，降低过滤成本。

（5）应用范围广。微喷灌系统可以水肥同灌，叶面和地面同施，以提高肥料喷药效率，节省肥、药的用量。

其主要缺点有三个方面：一是将密度较高的设施布置在田间，对田间作物的安装有一定限制；二是对水源水质要求比喷灌高；三是田间湿度过高，可能诱发某些作物病害。

微喷带是一种新型微灌设备，又称为喷灌带、微喷带、喷水带、喷水管、多孔软管等。工作的原理是将水用压力经过输水管和微喷管带送到田间，通过微喷带上的出水孔，在重力和空气阻力的作用下，形成细雨般的喷洒效果。

微喷水带与其他微灌技术相比，有以下优点：

（1）投资较低。微喷水带对水源和过滤设备要求较低，每亩投资仅200～400元，是各类微喷设备中投资最低的一种。

（2）抗堵塞性能好。水带是直接在很薄的塑料管道壁上加工出小孔，流道短，不易附着杂质，发生堵塞时也可以用水冲出，是微灌设备抗堵塞性能最好的一种。

（3）工作压力低。其他微灌灌水器压力为 100～200kPa，水带的工作压力为 10～100kPa，且流量大、灌水时间短，因此能耗少、运行费用较低。

（4）安装方便。不用时，可以压成平带盘成卷，体积小，质量轻，安装、运输、使用和收藏都十分方便。

（5）方便农机作业。水带在田间可以移动，用完后可以"刀枪入库"，没有固定的设备留在地里，不影响农机作业。

（6）滴灌与微喷灌转换。将水带置于地膜与地表之间，小孔出流到地膜后，经地膜反射可以形成滴灌效果，如果去掉地膜，适当增加供水压力，使小孔出流直射至空中，就可以达到细雨的微喷灌效果，即可实现转换。

1.4.5 调亏灌溉

调控亏水度灌溉（简称调亏灌溉）是由澳大利亚持续农业灌溉研究所于 20 世纪 70 年代中期提出的一种灌溉理论。它是根据作物的遗传和生态特性，在作物生长的某一适当阶段，人为主动地对其施加一定程度的水分胁迫，以影响作物的生理和生化过程，对作物进行抗旱锻炼，提高作物的后期抗旱能力，即通过作物自身的变化实现高水分利用率。调亏灌溉还可以控制营养器官生长，提高根冠比，改变光合产物在营养器官和生殖器官之间的分配比例，以获得更高的经济产量，在产量增加的同时还能有效地改善作物的品质，提高了经济价值（郭相平和康绍忠，1998；史文娟等，1998）。

20 世纪 70 年代以来，国际上开始进行作物调亏灌溉的研究，其早期研究主要在果树上进行，首先在桃树、梨树等果园内（史文娟等，1998）。20 世纪 80 年代调亏灌溉研究的重心在于节水增产功效，并涉及机理和果实品质问题。国外学者对桃树、梨树、苹果树等在调亏灌溉下作物的生理生化反应、需水规律和调亏时期、调亏程度等做了大量研究，该阶段的研究主要集中在不同果树对调亏的生理和生化反应及其适宜调亏时期和调亏程度上。20 世纪 80 年代后期调亏灌溉研究开始从现象向机理深入，以探讨调亏灌溉的节水增产机理（Mitchell et al.，1984），同时对调亏灌溉在改善作物品质方面的影响也进行了初步研究。20 世纪 90 年代至今在持续上述研究的同时，重心由产量的提高转向对品质的改善方面（Fereres et al.，2006），并开始向调亏灌溉下肥料的利用效率、咸水灌溉等方面扩展，研究的范围也越来越广。国内研究起步较晚，从 20 世纪 80 年代后期才有学者研究作物水分胁迫后复水出现的生长和光合作用的补偿效应，并开始在果树上进行研究。程福厚等（2000）在鸭梨果实生长的前中期实施调亏灌溉，显著降低了果实的果形指数；控水处理期间，果实的含水量明显低于对照，但并未抑制果实的生长发育或影响果实大小；相反，对产量、单果重、果实品质及储藏性有提高的趋势。曾德超和彼得·杰里（1994）对果树的调亏灌溉进行了研究，但研究内容主要集中在灌水技术方面。孟兆江等（1998）于 1996～1998 年以夏玉米为材料进行了调亏灌溉试验研究，结果表明，玉米调亏灌溉是可行的，可以实现节水、高产和高效的目标。适时适度的水分亏缺显著抑制蒸腾速率，而光合速率下降不明显，复水后光合速率又具有超补偿效应，光合产物具有超补偿积累，且有利于向籽粒运转与分配；调亏灌溉抑制营养生长，增大作物根冠比，提高了根系传导力，增强了植株抗旱性。张喜英等（1999）对冬小麦调亏灌溉制度盆栽进行了试验研究，结果表明，冬小麦从拔节至开花期间的轻度水分亏缺对其产量有明显影响，而灌浆和返青时间的轻度水分亏缺对产量无影响。各生育时期在不同调亏水平下的产量敏感指数（或敏感系数）不同。冬小麦经过一定的亏缺处理，复水后出现生长方面的补偿效应，因而产量降低幅度与耗水量减少幅度相比要小得多。气孔阻力和叶水势对土壤水分的变动有一阈值反应，只有当土壤含水量降至田间持水量的 60% 以下时，气孔阻力和叶水势才发生显著变化。王密侠等（2000）进行了大田覆膜玉米的调亏试验，结果表明，玉米苗期及拔节期经受适度水分调亏可促使水分和营养供给向根系倾斜，增强了植株后期的调节和补偿能力，节水效益显著且对产量影响不大。与充分供水处理相比，苗期重度调亏、中度调亏、轻度调亏处理的根冠比分别增大了 11.5%、23.14% 和 6.36%；分别节水

14%、11%和7%；产量则分别相差5%、5%和3%。拔节期重度调亏、中度调亏、中轻度调亏及轻度调亏根冠比分别增大了6.25%、24.2%、40.29%及43.00%；分别节水12%、6%、4%及3%；产量则分别相差18%、9%、3%及1%。玉米苗期调亏下限以50%田间持水量为宜，拔节期以中轻度亏水为宜（60%田间持水量），低于50%田间持水量的调亏下限则减产幅度大于节水幅度。抽雄期以后不宜进行调亏。胡笑涛等（1998）把调亏灌溉研究引申到粮食作物玉米上，研究了调亏灌溉对玉米生理指标及水分利用效率的影响。20世纪90年代后期，开始在大田作物上试验，但是研究成果尚不多见。目前就不同的调亏阶段对作物生长和产量的影响以及具体的调亏指标研究还不够。国内一些其他的研究主要集中在水量不足条件下非充分灌溉的理论问题，如作物缺水敏感指数的变化规律和有限水量的最优分配问题；对利用作物生理特性的主动调亏问题研究不够，特别是对大田作物的调亏灌溉研究近年才开始（康绍忠和张建华，1997）。

　　传统的丰水高产灌溉理论认为，在整个生育期内，对作物进行充分供水可使作物处于最佳的水分状态，以期获得最高产量。但按照经济原则，产量最高的需水量往往不是最经济的，只有当投入的水量所增加的产量边际效益大于增加需水量的边际费用时，这时的需水量才是经济的。很多研究表明，在充分灌溉中，有相当一部分水分被作物无效蒸腾。调亏灌溉则改变了作物的需水规律，使其在整个生育期内的需水量减少。郭相平和康绍忠（2000）发现玉米苗期调亏，复水后其需水量在拔节期、抽雄期均低于对照，只在灌浆期高于对照，但总需水量仍较非调亏处理有所下降，因此适当降低供水量可以提高水分利用率。事实上作物产量最高时消耗的水量并不是其水分利用率最高时所消耗的水量。邓西平（1999）在对冬小麦的研究中得到了耗水量与产量、耗水量与水分利用之间的回归模型及相关图，得出产量和水分利用率是先随着耗水量的增加而增大，当达到一定值时，水分利用率先出现最高值，之后随着耗水量的继续增大，水分利用率反而开始下降，而产量随耗水量增大的最大值出现的时段比水分利用率的偏后，而且极值出现后，随耗水量的增大产量下降的幅度明显小于水分利用率的下降幅度。梁森等（2002）

也发现水稻旱作在正常年份要比水作栽培耗水量减少 50%～60%，节省灌溉水 40%～50%，灌溉水生产效率提高 1.5～2.5 倍。这说明耗水量的适度减小意味着水分利用率的提高，而如何使产量不显著降低正是调亏灌溉研究的重点。作物在不同的土壤水分条件下，水分利用率相差悬殊。光合速率对土壤水分的反应有一个阈值，充分灌溉的土壤水分往往超过了光合速率的最高点，光合速率反而有所下降，而蒸腾速率是随土壤水分的增加而增大，且速率快于光合速率，导致水分利用率下降。在土壤水分与光合速率、蒸腾速率关系的研究中发现，水分利用率的最大值出现在两条曲线的结合点上，而高于或低于该点都将导致水分利用率的下降（Annandale et al.，2000；陈玉民等，1997）。

进入 20 世纪 90 年代，调亏灌溉的研究重点由研究产量的提高转向其品质的改善，测试指标也由原来的定性描述转为定量化的调亏指标，以期科学合理地运用调亏灌溉技术体系。阿吉艾克拜尔（2006）对烟草调亏灌溉的研究表明，适当的水肥调控可改善烟叶品质。Erdem 和 Yuksdl（2003）对西瓜进行滴灌调亏试验发现，水分亏缺可以使果实具有较高的可溶固形物浓度，含糖量增加。王锋等（2007）对荒漠绿洲区调亏灌溉下西瓜水分利用效率、产量与品质进行了研究，结果表明各亏水处理均能不同程度地提高果实的维生素 C 含量，亏水处理在总体上提高了果实的可溶性固形物浓度，改善了西瓜的口感，使西瓜更甜。郭海涛和邹志荣（2007）、刘明池等（2005）对番茄调亏灌溉研究结果表明，水分亏缺可明显改善果实品质，果实可溶性总糖、维生素 C 和有机酸含量明显提高。董国锋等（2006）研究发现轻度水分亏缺可提高苜蓿粗蛋白含量。程福厚等（2000）研究发现，适当水分胁迫可使鸭梨果实的可溶性固形物含量、还原糖含量和全钾含量显著高于对照。常莉飞和邹志荣（2007）研究表明，温室黄瓜初花期土壤水分含量为 60%～90%田间持水量，结果期土壤水分含量保持 65%～90%田间持水量对于提高果实品质最为理想，该处理果实的还原糖、可溶性总糖、维生素 C、可溶性蛋白质的含量分别比对照高 39.94%、31.34%、3.14%、5.47%。

调亏灌溉理论认为，根系对于水分利用率的提高起决定作用。根冠功能平衡学说认为，根和冠既相互依赖又相互竞争（Boland et al.，1993）。

当环境条件一定时，根与冠的比例有一个相对稳定的数值，这是由作物的遗传因素决定的。当环境条件发生变化时，根和冠处于竞争地位，作物能够自动把所获得的营养分配给最能缓解资源胁迫的器官，使作物受到的伤害程度最小，以避免物种的灭绝。当根系处于水分亏缺状况时，作物会改变光合产物在根与冠之间的分配比例，根系将得到更多的同化产物，对生长相对有利，而冠的生长则受到抑制，叶面积减少，意味着即使在同样的蒸腾速率下，作物的蒸腾耗水量也较少，进而引起需水量的下降（Boland et al.，1993）。调亏灌溉就是通过对土壤水分的管理来控制植株根系的生长，从而控制地上部分的营养生长及其水势，而叶水势可以调节气孔开度，气孔开度则对光合和植株的水分利用有着重要作用（Chalmers and Davies，1984），即水分亏缺通过根系间接控制了作物的蒸腾作用。Blackman 和 Davies（1985）认为在植株受旱时，可能由根系产生一种物质并输送到叶片中以控制气孔开度，使光合和蒸腾等生理过程发生变化，影响其水分利用及产量。近年来研究发现，脱落酸（ABA）是控制气孔开度的主要传输信号，当调亏时期土壤逐渐干燥时，木质部携带的 ABA 信号向叶片输送，叶片 ABA 浓度增加，使气孔开度降低、阻力增大，蒸腾速率下降，作物的生理耗水减少，叶片水分利用效率提高（Bastiaanssen and Bandara，2001；Chalmers et al.，1986）。另外调亏灌溉还可减少作物的棵间蒸发。土壤水分含量较低，表层土壤蒸发和根系吸水使表层土壤的含水量通常都在毛管断裂含水量以下，因此下层土壤水分仅能以水汽扩散方式通过上层的干燥土壤向大气散失，水汽通量很少，减少了水分的浪费（郭相平和康绍忠，1998）。

　　20 世纪 70 年代中期，Chalmers 对果树调亏的研究结果表明：果树的营养生长受到水分亏缺的影响，但果实的生长所受影响不大，从而为调亏灌溉可以获得高产提供了一定的理论依据（Chalmers and Wilson，1978；Chalmers and van Den Ende，1975）。Turner 和 Begg（1981）也发现经过控水处理的向日葵与正常的相比能多产籽粒。Turner（1990）认为，水分亏缺并不总是降低产量，早期适度的水分亏缺在某些作物上有利于增产。还有些研究也得到了同样的结论：同一植株不同的组织和器官对水分亏缺的敏感性不同（Chalmers and van Den Ende，1975），细胞膨大即生长对于水分亏缺最为敏感，而光合产物和有机物由叶片向果实的运输过程敏感性次之（Chalmers et al.，1984）。Domingo 等（1996）也认为在多数时期内冠层生长与果实生长之间存在明显的分离。当出现水分胁迫而使营养生长受到抑制时，果实可以继续积累有机物，降低其在调亏期间所受到的影响，在调亏结束后的复水期，调亏期间累积的有机物可被用于细胞壁的合成及其他与果实生长相关的过程，弥补由于光合产物减少带来的损失。但胁迫过重或历时过长则会使复水后的细胞壁因失去弹性而无法扩张，导致产量下降（Chalmers et al.，1986）。调亏灌溉可使产量的降低不显著，而它的增产效果是通过与密植相结合，调整作物的群体结构，增加灌溉面积来实现的（Chalmers et al.，1984）。试验研究表明，适时适度的调亏灌溉可以不减少或增加产量（孟兆江等，1998；Chalmers et al.，1986）。

水量不足是我国北方干旱半干旱地区农业生态系统良性运转和农作物产量提高的主要限制因素。研究缺水条件下作物调亏灌溉机理与指标，对于科学合理地利用水资源，发展补充灌溉，抗御干旱，提高产量，改善生态环境，具有重要的意义。通过对农作物所做的调亏灌溉试验研究结果表明，作物调亏灌溉技术具有广阔的应用前景。由于大田调亏灌溉技术属于较新的节水灌溉技术，目前国内对其研究还不成熟，缺少系统性，以下问题的进一步研究和解决将会推动调亏灌溉技术的发展。

（1）从总体上和相互作用上综合研究作物不同时期和不同程度的调亏对光合产物形成与分配、向经济产量的转化、水分散失影响的动态过程；在作物生理机制的基础上研究不同水分供给和不同亏水条件下作物群体光合产物的最优分配策略。

（2）根据作物水分散失和光合作用及其光合产物分配和转化的定量关系，进一步研究以减少作物水分散失和提高光合产物向籽粒（或果实）转化数量为目标，寻求考虑土壤水分胁迫状况、土壤水分运动过程（吸湿或脱湿）、大气蒸发条件、作物生理特性、根系分布状况的综合调亏灌溉指标。

（3）调亏灌溉条件下作物耕作栽培方式和水肥耦合的最佳模式研究，如调亏灌溉条件下作物的播种密度和果树的矮化密植问题、最佳施肥方式等。对咸水的调亏灌溉也需要进一步研究。

（4）在不同的灌溉方式下，作物的需水规律不同。以前的研究主要是针对地面灌溉条件进行的，随着滴灌、膜下滴灌、喷灌等大面积推广应用，需要研究这些灌水方式下的调亏灌溉模式。

1.4.6　控制性分根交替灌溉

在自然界中，土壤的空间变异性和降水在时空上的分布不均常常使得作物的部分根系或整个根系在生长发育的过程中处于阵发性的短暂或长期的水分亏缺情况，即作物的根系不可能总是处于均匀湿润或均匀干燥的状态。近年来，随着喷滴灌等节水灌溉技术的推广和应用，这种现象更为突出，从而引发人们在这方面进行了大量的研究，同时也发现，根系在局部受旱时可以通过其形态和功能的调整及时地对土壤的水分分布状况做出反应，如增加湿润区根系长度、根毛数量、根长密度及产生根源信号 ABA 来控制气孔开度减小蒸腾等，从而满足处理期作物水分需求，同时在复水后产生明显的形态和功能的补偿效应，使作物在整个生育期的产量和水分利用效率无明显下降（Green and Clothier，1995；Bielorai，1982；Tan and Buttery，1982）。控制性分根交替灌溉（control root-splited alternative irrigation，CRAI）是一种在局部根系受旱时既能满足作物水分需求，又能控制蒸腾耗水的农田节水调控新思路，是对目前常规节水灌溉技术的新突破（康绍忠和张建华，1997）。

1. 控制性分根交替灌水技术的含义及节水增产机理

控制性分根交替灌溉就是人为保持根系活动层的土壤在水平或垂直剖面的某个区域干燥，同时通过人工控制使根系在水平或垂直剖面的干燥区域交替出现，即始终保持作物的一部分生长在干燥或较为干燥的土壤区域中的一种节水灌溉方法。此种方法的节水增产机理是：首先，处于干燥区的根系会产生水分胁迫信号传递到叶气孔，从而有效地调节气孔关闭，控制蒸腾，而处于湿润区的根系从土壤中吸收水分，以满足作物的最小生命之需，使对作物的伤害保持在一临界限度以内。而光合和蒸腾对气孔行为的反应差异，即光合的滞后效应是分根交替灌溉提出的主要生理学依据之一，同时也是其节水增产的一种主要内在因素（康绍忠和张建华，1997；Turner，1990）。其次，由于交替灌溉时土壤表层总是间歇性地处于干燥区，这样既可减少棵间全面湿润时的无效蒸发损失和总的灌溉用水量，又可改善土壤的通透性，促进根系补偿生长，增强根系的功能，提高根系对水分、养分的利用率，提高矿质养分的有效性，以不牺牲光合产物的累积而达到节水的目的（康绍忠和张建华，1997）。此外，分根交替的试验研究表明，当灌溉用水量减少一半时（与对照相比），所测得的植株蒸腾耗水量与对照相比只减少了 14%～16%，同时通过测定深层土壤水分的动态变化，认为交替灌溉不仅可以减少土壤的深层渗漏量，而且可以提高深层地下水的利用率。

2. 研究现状

Tan 和 Buttery（1982）的分根试验结果表明，桃树幼苗所需全部水分可以通过只向一半的根区土壤供水就可得到满足，且水分利用率没有明显的影响。同样的结论在梨树、苹果树及葡萄树等果树类作物上也得到验证（Green and Clothier，1995，1997；Bielorai，1982）。在相同的外部条件和一定的水量范围内，生长在低均匀度（由不同的灌水深度实现）条件下的棉花产量比充分灌水（根区保持均匀湿润）的作物产量还要高（Ayars et al.，1991）。对生长 18d 的小麦幼苗实行上干下湿和上湿下干两种供水处理，发现上层次生根受旱时，其生长量显著增加，叶片的生长未受影响；当下层原生根受旱时，叶片生长率和叶片的相对含水量都会下降。此外，如果处理推迟 7d，则两者的叶片生长速率都明显下降，且后者的限制作用更大，可见根系的不同部位及不同时间受旱都对根系造成了不同程度的伤害（Volkmar，1997）。对玉米幼苗根系实施上干下湿的供水处理时发现，在一定时间内，下层根系活力增加且高于正常处理条件下的，作物的水分利用率（WUE）明显提高，光合速率和生物量无明显下降，但当缺水时间延长（超过10d）时，下层根系的活力则明显下降且低于对照，作物的生长发育受阻，根冠比下降（昌小平等，1996；Li and Zhang，1994）。Loveys 等（2000）的试验结果再次证明：固定区域部分根系干燥，根系活力、光合、气孔导度及植株生长在处理开始后几周内补偿作用最为明显，基本达到处理前水平，但由于未进行交替供水，这种补偿作用也变得更为短暂。

玉米根系进行反复干湿交替灌水后发现，新生根毛数量成倍增加，根系表面积显著增大，根系的导水能力明显增强，从而补偿了因水分亏缺引起的水分、养分吸收不足的问题（Mackay and Barber，1987）。植物体内的伤流液含量是衡量植物导水能力的一个重要指标，苹果树、桃树等局部根系受旱的研究结果显示，处理期内受旱根系的伤流液含量下降，重新复水后伤流液含量明显增加且大于原来湿润的根系的伤流液含量，而且无论是在处理期还是在复水后，处理植株茎秆中伤流液含量与对照植株无显著性差异（Green and Clothier，1997，1995）。植物的水分倒流现象（在上层土壤变干、下层土壤湿润的情况下，下层根系吸收的水分在体内向上运输的过程中，有一部分会通过上层受旱根系排入干土中）的发现与研究为植物在局部根系干燥的情况下可保持良好的生长势头提供了更为坚实的理论依据（许旭日和诸涵索，1995）。

许多研究表明，在水分亏缺条件下，尽管叶片的水分状况未发生可检测出的变化，但气孔导度仍明显下降（Zhang et al.，1995；Tardieu and Davies，1993）。因此认为，水分亏缺条件下，根系能够输出一种根信号，这种根信号由根尖产生并通过木质部输送到叶片使气孔关闭，从而减缓因过度的蒸腾造成的对作物的伤害，使分根与未分根的植株叶水势在一定时间内保持一致。近年来已证实此种信号为根源 ABA（Scheible et al.，1997；Davies and Zhang，1991）。进行此项研究的具体做法是，把一株玉米的根分成两部分并分别栽植在两个容器中，其中半边根系保持良好的灌水，而另半边根系所在的土壤停止浇水并使其逐渐变干。测定此植株的气孔导度及叶水势的变化与对照株的差异，或施用外源 ABA 刺激作物根系，观察作物行为的变化。

从分根试验的历史动态研究中可以看出，分根灌溉后产生的效果一般要比未分根的好或经济得多。尽管这些分根试验也都是在固定区域进行的，但却为控制性分根交替灌水技术的成功运用提供了一定的理论依据。

根据控制性分根交替灌水技术的特点，在实践中主要的可行性方式有隔沟交替灌溉系统、田间移动式控制性交替滴灌系统、自动控制性交替滴灌系统及控制性隔管渗灌系统等（康绍忠和张建华，1997）。以上几种模式主要适用于宽行距种植的果树、蔬菜及大田作物，其中隔沟交替灌溉和移动式交替滴灌系统也仅适用于水平方向的交替供水。目前，主要应用和推广的是玉米的隔沟交替灌溉模式及果树的控制性交替滴灌模式。对于均匀种植的大田及其他作物，采用大水量灌和小水量灌交替进行或对现有的喷灌、滴灌技术进行改进可实现在垂直方向的交替供水模式，当然垂直方向的几种可行性模式仍然只是一种设想，还没有付诸实践。

3. 控制性交替隔沟灌溉尚需进一步研究和解决的主要问题

纵观国内研究进展状况，虽然国外的一些国家（尤其是美国）对多种作物的隔沟灌溉进行了 30 多年的试验研究，取得了大量的成果，但他们多集中于灌水量与产量关系方面的研究，而欠缺节水增产机理方面的研究。我国开展这方面的研究工作起步较晚，虽然在机理方面的探讨较国外有较大的进步，但真正的田间试验研究很少，研究的作物种类更是单一，距离大田生产实际的要求还相距甚远（孙景生等，2001）。众所周知，我国是一个以地面沟、畦灌溉为主的农业大国，经济尚欠发达，因此节水灌溉技术的主攻方向仍须以大力研究和推广节水型地面灌溉技术为主。由于控制性交替隔沟灌溉是对常规沟灌技术的一种改进，在北方大田灌溉中有着广阔的应用前景，更应予足够重视。目前需要进一步深入研究和解决的问题有以下几个方面。

（1）交替隔沟灌溉的适用条件与主要技术参数。土壤结构和土壤质地不同，土壤的入渗性能也不同；同一土壤采用不同的耕作措施，对土壤的入渗性能也会产生重大的影响；灌水湿润方式的变化可能要求对大田作物的株距、行距进行相应的调整。因此，有必要研究各种土壤条件下，交替隔沟灌溉水流在沟中的推进和入渗规律、沿沟长方向的灌水均匀度及水分在土壤中的再分布情况，分析确定其适用的土壤类型，并设计给出合理的沟垄尺寸、纵向坡降、种植密度和入沟流量等，以提高作物产量和水分的利用效率。地上环境对作物生长发育也有着重要影响，必要时还应开展交替隔沟灌与常规沟灌相结合的研究方式。

（2）控制性交替灌溉条件下的高效灌溉指标。控制性交替隔沟灌溉的目标是节水、高产和优质。在实施过程中，必须给出作物何时需要灌水及每次灌多少水的定量指标。而这种指标，既要有严密的科学依据又要便于准确地观测或计算。目前，专门针对这种灌水方式的试验资料很少，因此非常有必要开展系统的试验研究，探求作物各生育时段不同水分控制上下限条件下，土壤水分与作物生长发育、水分生理状况、光合同化产物的分配及最终产量和产品品质之间的关系，以便指导生产并提出高效合理又适用的灌溉指标。

（3）控制性交替隔沟灌溉条件下的作物需水量与耗水量预报模型。作物需水量是灌区规划、设计、改造和区域水资源优化调度所需要的最基本的参数，而作物耗水量预报则是指导大田适时适量灌溉的重要手段与方法。湿润方式的改变和气孔调节功能的发挥，使交替隔沟灌溉条件下的棵间土壤蒸发和作物蒸腾与传统地面沟灌有了较大的不同。探求交替隔沟灌溉条件下的棵间蒸发和作物蒸腾变化规律，建立作物耗水量预报模型，既有理论上的意义又是用水管理中的需求。

（4）控制性交替隔沟灌溉条件下水肥适量耦合的最佳模式。灌水方式和灌水量的改变，对肥料的吸收利用将会产生一定的影响。研究交替隔沟灌溉条件下的水肥交互作用，求出其合理配比及肥料的优化组合，建立水肥适量耦合模型，对充分发挥资源潜力、减少浪费具有实际意义。

（5）交替隔沟灌溉条件下的作物最优经济灌溉制度。水资源不足、供水量有限时，交替隔沟灌溉也同样存在着经济用水的问题。因此，有必要研究各种可供水量条件下作物产量与耗水量之间的关系，求出水分利用效率最大或投入产出比最小的经济用水灌溉定额，并将其在作物生育期内进行最优分配，以提高总收益。

（6）控制性交替隔沟灌溉对土壤中盐分运移和再分布的影响。作物根系主要活动层土壤中的盐分含量及其分布，对根系的生长发育和吸收有着重要的影响。研究交替隔沟灌溉条件下土壤中盐分的运移和再分布规律，对采取适当措施防止盐分危害具有重要的指导意义。

1.4.7 负压灌溉

近几年来，随着水资源的日益短缺，节水农业发展非常迅速。现阶段国内外农业灌溉高效用水主要采用管灌、喷灌、微灌（微喷、滴灌和小管出流）等先进的灌溉技术，加上优化灌溉制度（如调控亏水灌溉）等措施，形成了功能日益完善的节水灌溉体系。然而，这些先进的灌溉技术体系在其应用及推广等方面仍然存在一些问题。例如，喷灌在北方干旱半干旱地区等许多地方的应用往往存在一定的困难，这些地方气候干旱、风力较大，喷灌过程中水的蒸发与漂移损失使得系统的节水效果并不十分理想。相比之下，微灌系统（包括微喷、滴灌、小管出流等）具有很好的节水效果。但经济成本、灌水器堵塞等问题仍需解决（王荣莲等，2005），而且灌溉后湿润地表因蒸发产生的水分损失也颇受关注。

同时，由于这类水源水位往往低于作物种植面，当用这些节水灌溉技术，如喷灌、地面滴灌时，要解决提水加压设备问题，这无疑增加了灌溉系统的成本；另外，在经济不发达的边远地区，动力能源的匮乏也制约了现有节水灌溉技术的推广应用。因此，为了更好地解决这些地区的农业灌溉用水问题，需提出更合适的新型节水灌溉方式。

负压灌溉法最基本的原理就是将灌水器埋入土壤中，与土壤紧密接触，利用土壤基质势（土壤吸力），自动从高程低于或等于灌水器的水源中吸收水分，补充作物蒸发所造成的水分损失，以期维持土壤水分恒定，整个灌溉过程无须外界提水加压设备。对作物的灌溉是在"负压"情况下由作物耗水后产生的土壤吸力来实现的，以维持土壤水分恒定（江培福，2006）。如何将土壤水分保持在最适于植物生长的状态，一直是科研工作者十分关心的问题。国内外对如何控制土壤水分也进行了许多研究。犹他州立大学的 Dani（2001）在"Who invented the tensiometer？"一文中指出，早在 1908 年 Livingston 就提出了一种控制土壤水分的自动灌水钵，这被认为是自张力计有记载以来最早的形式，也首先提出了利用基质势吸水的概念。随后，利用这一原理，Livingston（1918）采用多孔黏土管进行盆栽作物的自动灌溉试验。Richards 和 Loomis（1942）对这种自动灌水钵进行了有益的探索，指出了这种自动灌水钵在控制生长植物土壤水分方面的不足。Read 等（1962）利用相同的原理，将这种自动灌水应用于温室盆栽，这些自动灌水钵的基本原理与负压灌溉相似。比较完整地提出负压灌溉方法的是日本的 Zenji 和 Sanji（1982），他们利用负压原理，将多孔管材应用于地下灌溉，对负压灌溉进行了初步研究。但由于这些研究都处于理论阶段，以及材料本身的限制，这些技术当时并未在生产实际中应用。到 1996 年，日本三菱化工集团（Mitsubishi Chem. Crop.）推出了负压灌溉器皿。器皿由上下两层的容器构成，上层容器装填土壤，用于种植植物，下层容器装水。多孔管埋入上层容器内的土壤中，一端与下层盛水容器连接。与多孔管相接触的土壤内的水势和多孔管内的水势差，形成了水由盛水容器向土壤流动的驱动力。1998 年，该公司将负压灌溉器皿中多孔管改为了多孔板。这些灌溉装置可用于作物的盆栽。

目前，国内有关负压灌溉的研究非常少。中国农业科学院刘明池（2001）在日本进行其博士论文试验时，建立了一种负压自动灌水蔬菜栽培系统。这种系统可以实现对土壤水分的自动调控，其突出优点是能够使土壤一直保持最适于作物生长的水分状态，使作物达到增产的目的。在此基础上，着重研究了不同土壤水分对草莓植株生长、产量形成、果实物理化学特性和储藏运输特性的影响。结果表明：利用新型灌水材料——陶土管，搭配负压控制技术而建立的自动控水灌水蔬菜栽培系统，不通过计算机等复杂的调控设备，便可实现对土壤水分的自动调控，并能在一定程度上根据土壤缺水状况自动调节灌水速度。其突出优点是能够使土壤一直保持最适于作物生长的水分状态，避免了采用一般灌溉方法时土壤水分过干过湿的问题，比畦灌增产40%以上。但这一栽培系统，目前在日本仍只用于温室盆栽，而且在搭建过程中仍需要水泵作为提水设备，这无疑增加了投资成本和能耗成本，因而限制了该栽培系统的进一步推广应用，尤其是经济和能源匮乏地区。中国农业大学雷廷武等（2005）提出了负压自动补给节水灌溉技术，通过实验验证了负压灌溉系统无论从理论上还是从实践上都是可行的。

负压灌溉系统中，需将灌水器埋入地下，与土壤紧密接触，利用土壤基质势"主动"将水吸入土壤。之所以称之为负压，是因为系统中灌溉水源的高程低于灌水器的高程，供水作用水头为负值。对作物的灌溉不是在正压力作用下，而是在负压情况下由作物耗水后产生的土壤基质吸力来实现，无须提水加压设备。就能量分析而言，负压灌溉在理论上是可行的，但对于负压灌溉系统，其构成部件（包括灌水器、输水管等）有着与大多数节水灌溉系统不同的特点。

首先，灌水器必须是多孔结构且具有透水不透气的特性。在负压灌溉系统中，灌水器是土壤和灌溉系统的连接体，将水流划分为管道水流和土壤水流，是负压灌溉系统中最关键的部分。这些灌水器将不同于现有的灌溉用灌水器。对灌溉系统而言，灌水器必须具备透水不透气的特性，也就是指水可以通过输水管从水源进入灌水器而后进入土壤，而空气不能进入系统。灌水器的这些特性，使得低于大气压的管道系统中具有了水可以进入土壤而空气不会进入管道系统的条件。对土壤而言，灌水器必须能与土壤紧密接触，充分利用土壤基质吸力的作用，而且透水性能较好，有利于提高水分运移效率。这种材料在现实生活中是存在的，而且广为土壤工作者所熟悉，如张力计中的陶土头。

其次，输水管与灌水器、水源的连接部件必须密封，从而使由水源到灌水器的整个灌溉系统内都充满水。在灌水器内外水势梯度的作用下，灌水器内的水流入土壤，输水管内形成负压，在大气压的作用下，水从水源被"压入"输水管以补充流入土壤的水分，保证整个系统能不间断地运行，从而实现负压灌溉。

在负压灌溉初期，因土壤含水率较低，土壤水基质势也就较低，通量较大，即单位时间由灌水器进入单位土壤的水量较大。随着负压灌溉的不断进行，土壤的含水率不断增大，土壤水基质势也增大，通量将相应变小，直到灌水器接触处土壤水基质势不再增加，土壤水基质势与灌水器的负压工作水头相等，通量为零，灌溉将停止。此时，土壤含水率为该负压作用水头（高程差）下，土壤能达到的最大含水率。随着作物耗水（包括作物蒸腾作用及土壤表面的蒸发作用），土壤含水率将降低，土壤水基质势也将随之降低，低于负压作用水头时，负压灌溉又将继续进行，作物耗多少水，土壤将利用土壤水基质势（吸力）由负压灌溉系统从水源中吸收相同的水量。负压灌溉进行速率与作物耗水速率相当，作物需水量能得到随时自动的补给。这表明负压灌溉系统具有自我调控功能，它可根据土壤含水率的高低，自动调节灌水速率及灌水量。

简单的负压灌溉系统从构成部件来说，与其他大部分灌溉系统相似，包括灌水器、输水管及灌溉水源，但就基本工作原理而言，与其他节水灌溉系统有着本质的差别。负压灌溉系统利用的是土壤含水率较低时的土壤水基质势（基质吸力），输水管"主动"从水源吸取水分，灌水速率及灌水量由土壤本身状况决定，理论上可连续不断地工作，具有自我调控功能，灌溉开始后便无须人为管理。然而，其他大部分灌溉方式、灌水次数及灌溉定额均由管理者或机械控制，灌溉制度的制定，直接影响到作物的生长。因此，负压灌溉与其他灌溉系统相比，具有以下潜在的一些优点。

（1）由于土壤水基质势与负压作用水头是负压灌溉实现的驱动力，灌溉系统中无须提水加压设施（水泵），可节约成本，而且不消耗能源。

（2）由于系统处于不间断的运行状态，与常规灌溉系统相比，灌水时间大大延长，从而可以预期系统管道规格比常规系统要小，这样可降低系统的造价。

（3）由于系统可自我调控，灌溉开始后无须人为管理，节约劳动力资源及管理成本。

（4）灌溉水量由土壤本身状况决定，灌溉系统的均匀性可得到最好的满足。

（5）由于灌水器埋入地表以下，基本可消除灌溉水的地表蒸发损失。

（6）作物需水得到随时自动的（可以调节的）补给，且土壤含水率可通过调节保持在合理的范围内，可最大限度地提高作物的产量和改善其品质。

（7）仅当作物根区的土壤水基质势低于水源与灌水器间的高程

差时，系统才向土壤供水，因此可通过调节水源与灌水器间的高程差，来控制系统是否向作物根区供水，从而可能实现真正意义上的调亏灌溉。

负压给水技术虽然得到了初步研究与论证，但毕竟是一个较新的灌水技术，不管从理论上还是实践中尚有以下一些需要研究解决的问题。

（1）充水排气，形成负压。负压给水系统是在负压下工作，因此，系统运行前，必须将管网及给水器里面充满水并排出里面的气体。如何在短时间内充水排气并达到良好的效果是目前需要解决的问题之一。

（2）给水器的埋深。给水器的埋深主要取决于土壤性质、作物种类及耕作状况等。从土壤性质来看，适宜的埋设深度应能使灌溉水借毛细管作用充分湿润土壤计划湿润层，而不发生深层渗漏。另外，灌水器的埋深也要与作物的生理特性，尤其是作物根系对土壤水分及其影响下的整个土壤生态环境的要求相适应。这些技术参数尚需要大量的实验研究做支持。

（3）负压值的保障。在给水过程中如何维持负压的连续性、有效性、可靠性并能很好地提供灌溉用水，达到作物的需水量也是负压给水技术推广应用中需要解决的问题。

1.5　温室灌溉技术的发展

近年来，温室种植在全国急速发展。采用温室种植物的主要是蔬菜、花卉、中草药及一些树木。但外界大环境与温室小环境有反差，温室生长的植物的生长环境一旦发生改变，植物生理生态将发生变化，因此引起需水规律的变化。这一课题是多学科的交叉领域，涉及栽培学、植物生理学、生态学、土壤学、气候学等学科，但最终控制的因素是温、水、肥三要素（崔桂官和徐礼勤，2007；黄立春等，2007；周长吉，2005），而水又是调控温肥的重要手段。水在温室生产中占有重要地位，因此温室灌溉成为很多学者关心的课题。近年来，随着温室灌溉技术的发展，许多新技术、新方法广泛应用在温室系统中，为生产者带来显著的经济效益和社会效益。

1.5.1　温室灌溉的特点

温室中水分循环与田间相同：第一，水分循环独立，用水无降雨，地下无补给，蒸发被隔绝，作物需水全部由灌溉供给；第二，空间小面积小，栽培形式多样，灌溉形式有平面布置和立体布置；第三，不受环境限制，灌溉环境可人工控制。

1.5.2　温室灌溉的类型

按有无土壤划分，温室灌溉可以分为有土灌溉和无土灌溉。

在农田上建立的温室，基本是利用土壤作基质种植作物，只是由设备隔绝外界。人工控制室内的光热等环境条件，创造反季节生产条件，增加生育循环。这时的水分供给仍然由土壤作载体。有土灌溉多为间歇灌溉，温室有土灌溉适用田间灌溉的各种方法，但不同的是温室环境的温度和湿度，对于有些作物不同灌溉方法产量则不同（Li et al.，2012；Qiu et al.，2011；Shao et al.，2010，2008），需要选择合适的灌溉方法。

（1）高湿度灌溉方法。雾喷、微喷适用于需要高空气湿度的作物，如热带雨林性作物橡胶、可可、咖啡、香蕉等，适用于创造高温高湿环境，同时也适于利用雾滴蒸发吸热原理进行温室降温，但不适于一般性喜湿作物，如韭菜、小麦等农作物。

（2）一般温湿度灌溉方法。地面沟畦灌溉、地表滴灌，只在短时内造成空气湿度增加，但地表水入渗后，影响减小。适用于温室中大多数作物。

（3）控湿灌溉方法。将灌溉器或给水器埋入地下，地表无水面出现，如地下滴灌、渗灌、负压给水、膜下灌等。土壤表面无饱和过程，大量减少了地表蒸发，减小了空气湿度。对一般作物防止高湿下的病虫害是有效的方法。

温室灌溉隔绝自然环境，当夏季来临时室内温度升高，在南方温室高温可达 50℃，严重影响作物生长。对于固定式温室，必须通风降温，并要遮阳以减少太阳辐射。到冬天北方温室只靠太阳光取暖无法满足喜温作物生长，工厂式温室需要加温。工厂式温室是环境全部由人工控制的温室。这时温室中水利工程不仅用于灌溉，同时也用于降温、升温。

（4）水雾降温控制。利用水在空气中的蒸发吸热，使环境降温。主要方法有两种，一种是雨帘降温系统，由雨帘和风机组成，雨帘是由一套水循环系统组成，水雾由纸帘上方向下喷射湿润纸帘，湿润纸帘在高温中水分快速蒸渗吸收热量，降低环境温度，在温室的对侧安装风机，风机向外排气，温室内产生负压，雨帘侧的低温空气流向室内，降低了室内的温度。另一种是喷雾降温系统，利用布设在温室上空中的喷雾系统，间歇式地喷洒水雾，水雾蒸发吸热，使空气温度降低。

（5）水源热泵降温加温控制系统。热泵的热源有空气、水、土三种形式，这里介绍水源热泵系统。温室加温采用煤电能源，费用高，而采用水源热泵加温，可降低 2/3 的运行费。水源热泵工程用于夏季温室降温，冬季升温，运行费用低，无污染，是一种环保型新能源，是未来温室温控的最佳选择。水源热泵工程由三部分构成，热源循环系统（水）、换热系统（热泵）、加温或降温（风机）系统。工作原理是夏季将低温低位热源通过换热物质（如空气、氧、氮、氢等）把温室中的热量输出到地下，而冬季又把夏季储存的地下热能通过换热工质再返回到温室中，这一工作是由热泵的蒸发器和冷凝器完成的。

温室技术开创了无土栽培，可在无土壤或不宜耕作的地面上建立温室，利用无土栽培技术种植作物，作物需水由营养液供给，其中水分同营养液同时供给。无土灌溉是连续灌溉。无土灌溉按无土栽培形式可分为有基质灌溉和无基质灌溉两类，有基质灌溉与有土灌溉性质类似。而无基质灌溉是水培技术，即植物根系裸露在外，不扎在任何基质中。灌溉方法与正常灌溉区别很大，主要是水培，水中氧气不能满足作物需要，需要采取不断向水中补充氧气的措施。水培法又分三种主要方法，第一种方法是营养液膜水培法，将植物固定在支撑板上，根系大部分裸露，根下部伸入很薄的营养液膜中；第二种方法是深液流水培法，与第一种方法的区别是根系伸入水中较多，也称营养液深流栽培法，其特点是植物固定在多孔板中，根系向下伸入盛着营养液的池中，且营养液是流动的；第三种方法是喷雾气培法，植物栽培在多孔篮中，根系透过孔隙伸入封闭的气雾棚中，用构造的喷雾系统将营养液向棚中喷成雾状，保持棚中设计的湿度，根系从营养雾气中获取营养。第二类称基质栽培法，即植物根系扎在基质中，营养由基质供给。第二类也有三种基质：一是无机基质，基质由沙砾、蛭石、珍珠岩、炉渣等构成；二是人工基质，由岩棉培、聚乙烯发泡材料、聚氨酯泡沫等构成；三是有机基质，由锯木屑、草炭、植物秆棵、膨化鸡粪、菌糠等构成。营养液随灌溉水分批送入基质中。

无土栽培从设备到栽培工艺全部由人工设计和控制，能最大限度地满足植物需求，因而具有土壤栽培所无法比拟的优越性。其优点可以概括为"三节三高"：节肥、节水、节地、高产、高质、高效。节肥：常规种植肥料利用效率为 40%～50%，而无土栽培肥料由人工控制，无损失。节水：据试验观测无土栽培中基质培减少 50%，气培节水 90%。节地：无土栽培可利用不可耕种的土地，扩大了耕地面积。高产：无土栽培产量可提高 2～5 倍。高质：无污染、清洁、产品质量好。高效：工厂化生产，无须耕种、除草、翻地等田间作业，生产高效，一年四季土地利用高效。

无土栽培是未来蔬菜、花卉种植业的方向。我国近年无土栽培发展飞快，而它的设施有很多内容是灌溉设施，管理中也有很多灌溉制度、灌溉方法问题。过去研究很少是因为面积很小，20 世纪八九十年代只有几公顷，而现在已有几千公顷，并且每年以几百公顷向前发展，无土栽培灌溉课题试验研究也将成为人们关心的热点。

按灌溉布置空间划分，温室灌溉可以分为平面灌溉和立体灌溉。

平面灌溉中，田间灌溉形式基本都布置在地面上，温室中以土壤为基质的灌溉形式基本属平面灌溉。平面灌溉的特点：灌溉器工作压力基本相同，管网呈平面布置，在同一地块灌溉类型一致。

平面灌溉器是在一个平面（或曲面）上，而立体灌溉是指灌溉器分布在不同的平面、曲面、圆周上，是多维分布。其灌溉形式由立体栽培模式决定。立体栽培是指充分利用有限的平面空间、立面空间、时间、

光热气土资源，使空、时、光、热、气、土等发挥最大效益，布置形式
多样，如立柱栽培、滚筒栽培、屏风栽培、墙体栽培、管道栽培等，立
体灌溉要将水输送到每个植物体，而植物体分布在四面八方。立体灌溉
的特点：灌溉器呈多维分布，工作压力不等，位置可能不断变换，又多
为多种灌溉方法组合，流体可能是气液混流。

1.5.3　温室灌溉系统

　　温室条件下的灌溉比自然状态下的灌溉系统（或称为环境控制
系统）复杂，因为水、温、土、肥、气的控制混在一起，而在室外
田间的大自然环境是无法控制的。但是正因为能人为控制，随着近
50 年科技的进步，尤其是进入 21 世纪后，温室环境控制系统在国
内外都有飞快的发展，总的趋势是由自动化向大工厂化、标准化、
信息化、智能化、机器人应用等方向发展。国外温室栽培已经实现
无土栽培，工厂化、智能化普及率高，单温室面积以公顷计，控制
实现智能化，机器人也开始进入温室（如嫁接机器人、育苗移栽机
器人、耕耘施肥机器人、多项作业的机器人、无人行走车、组织培
养作业的机器人、柑橘及葡萄收获机器人等），产品实现了一年四季
连续向外供应。

　　温室栽培工厂化是多学科现代科学技术的成果，它涵盖了生物技
术、栽培技术、建筑技术、现代材料技术、计算机技术、控制技术、智
能化技术、植物保护技术、水利灌溉技术等，灌溉科学在温室生产中有
不可或缺的作用。温室生产中生物、环境是两大核心，而水是生命、环
境的核心，在温室生产中水的控制决定植物的生与死。温室中工厂化的
灌溉技术与传统的灌溉技术，发生了换代的变化，换代变化体现在以下
几个方面。

　　第一，标准化灌溉。传统灌溉面对的是不可控制的气候、多样的环
境、不同的土壤等条件，无法用统一标准；而工厂化的农业，有标准的
环境、标准的生物（如黄瓜几乎形状相同、尺寸相等）、标准的设备等，
因而也就可以应用标准化灌溉方法。

　　第二，精准化灌溉。在自然状态下，植物需水有降水、地下水补给

与人工补给多项来源，并且降水、地下水补给等水源的供给过程是随机的，不能准确预测，无法做到精准灌溉。而工厂化的温室生产，一切由人工控制，很方便按植物需求来向植物供水，可以做到精准供水。

第三，立体化灌溉。随着无土栽培的立体化，无土灌溉必然也要立体化，而自然状态都是平面化生产，灌溉也是平面灌溉。

第四，连续化供水。无土栽培中的水培是将水肥送到根系，是一种供给的方式，改变了灌溉的概念，不是传统的向土壤中灌注的方式。供给方式是连续的，供水与需水量间是等量的，过程是平行的。传统灌溉是间歇的，需水与供水是交叉的，这使水分既有浪费，又有不足。

温室灌溉的四化（标准化、精准化、立体化、连续化）对植物生长发育的结果是高产（产量）、高质（品质）、高效（经济）、节水、节能、节地。

当前我国在温室灌溉研究中落后于发达国家温室灌溉的发展，为我国灌溉工作者提出很多新的课题，如土棚、临时棚使用什么灌溉设备最好，连体温室灌溉系统如何构建，无土栽培中需要配合什么样的给水系统，如何满足四化标准要求等。我国农业生产设备企业已引进一些灌溉设备，但靠外国设备实现中国农业现代化，是漫长且不现实的，中国农业现代化还需要我国灌溉研究人员共同努力。

1.5.4　温室条件下灌溉试验研究

温室生产是在室外不利植物生长时，在温室内创造有利植物的生长环境，获取生产收益，也称为反季节种植。在近 30 年的发展中，我国将反季节种植应用在蔬菜、花卉、果树、菌类、水生等各种植物栽培中，摸索总结出进行反季节种植的丰富经验。我国地域宽广，各地气候差异很大，北方温室需要增温控温，南方温室需要增温、控温、降温，所产生的问题各异，要研究的课题也不同。

1. 温室条件下花卉灌溉试验研究

我国在过去的灌溉试验中很少有关于花卉试验的资料，主要是花卉作为产业只是在改革开放后才出现。但现在情况发生巨大变化，我国花卉面积在世界生产中占有绝对优势，是世界花卉第一出口国荷兰花卉种植面积的 28 倍，但荷兰单位面积产值却是我国的 40 倍。产生差距的因素很多（如设备结构、科技管理、营销体制、科研投入、科技队伍等），其中水分管理的落后是重要因素之一。因此开展花卉灌溉研究，应该列到议事日程。研究范围除解决不同花卉灌溉制度外，也应研究各种花卉灌溉设施系统，为我国花卉生产发展贡献一份力量。

2. 温室条件下蔬菜灌溉试验研究

我国温室面积的 95% 用于蔬菜生产，2008 年产值达 4100 亿元，占蔬菜总产值的 51%，而设施蔬菜的种植面积仅占全国蔬菜种植总面积的 25%。虽然 20 世纪我国对蔬菜灌溉试验获得很多成果，但是，对温室蔬菜灌溉的研究资料很少，温室下蔬菜需水量需水规律与自然状态下需水量需水规律差别很大，正常季节与不同反季节下的蔬菜需水量需水规律又有很大区别。有关上述问题的试验，目前资料很少，而这些资料对区域水资源规划、灌溉区管理、灌溉工程规划设计、灌溉自动控制是必要的。

蔬菜种植温室的数量较少，在 334 万 km^2 温室中，日光温室只占 60 万 km^2，其他 270 万 km^2 基本是塑料棚，在塑料棚中，中小棚占 60% 左右。在研究温室灌溉时，不同类型温室要采取的灌溉方法也是重要的研究课题。一般中小塑料棚多是不固定棚，与固定式温室的灌溉方法不同；大型连体温室与小型日光温室也不同；不同蔬菜间对水分环境要求的差异也要求选用不同的灌溉方法；增温型温室与降温型温室选择的灌溉方法也不同，研究在不同情况下最适宜的灌溉方式方法也是亟须解决的课题。

3. 反季节果树灌溉排水试验研究

由温室反季节种植引发的种植业的发展，改善了人们随季节而食的无奈食俗，我国南北一年四季可品尝新鲜瓜果蔬菜。随着人们生活水平的提高，反季节果树栽培也得到发展。果树是多年生植物，并且植株高大，与花卉蔬菜温室栽培不同，它需要将自然状态下的成树移栽到温室中，比花卉蔬菜温室栽培复杂，到 2007 年我国果树设施栽培面积已达到 8 万 hm^2，位居世界首位。

北方反季节果树栽培是在温室中进行的，栽培方式主要为促成早熟栽培、延迟晚熟栽培，品种为不耐储运、供应期短的果品，其中较多的有桃、葡萄、大樱桃、李子、草莓等，近年也开始试验南果北种，如杧果、番石榴、甜阳桃、香蕉、火龙果等。温室中果树栽培要模拟自然状态下的生长环境，其中水分环境是重要因素，如大樱桃的水分环境，它要求土壤湿度既不能小，也不能大，小会造成果品产量、质量下降，大会形成渍涝，轻渍涝会不结果，重渍涝会造成植株死亡。在现有温室果树栽培中灌溉试验资料很少。反季节果树的水分调控效应，在果树生产中占有很大比例。试验也证明不同灌溉方法，造成的产量差异是十分明显的，温室果树栽培的灌溉制度与灌溉方法试验研究，是促进反季节果树栽培发展的重要课题。

随着北方反季节果树栽培的发展，南方的反季节果树也在开展，主要形式有避雨栽培、延迟晚熟栽培，设施与北方不同，主要采用遮雨棚或开敞式调温调湿措施。已成功的有荔枝、龙眼、杧果等果树。在南方开敞式的环境调控中，水利措施依然是重要手段。因为促成荔枝、龙眼、杧果晚熟的重要条件是防雨，促干旱，以延迟生长。如何利用水利措施降低地下水，及时排出地表水，封闭种植区防止外水入侵，这些水利措施都是保证土壤干旱的条件。灌溉和排水是农田水利的两个方面，土壤水分干旱要灌溉，相反作物需要干旱土壤环境，采用排水工程可以满足对不同干旱程度的要求。例如，用负压给水管与真空泵组成负压排水系统，可使土壤湿度降低到任何指标，开创负压排水研究新领域。

1.6　农业灌溉的发展趋势

节水灌溉为人类社会的可持续发展作出了巨大贡献。2011 年，世界人口约为 69.6 亿。预计 2025 年或达到百亿人[①]。如此巨大的人口基数和迅猛的增长速度，让我们的生存环境不堪重负，给世界粮食生产提出了十分苛刻的要求。在世界可耕地和淡水资源严重不足的情况下，高效农业和节水农业是世界各国唯一的选择。在过去的几十年里，农业节

---

① 《世界各国 2017》. http://world.huanqiu.com/hot/2017-09/11271668.html。

水灌溉在提高粮食产量和节约淡水资源方面都起到了重要的作用，为人类社会的可持续发展作出了巨大贡献。

节水灌溉在我国社会的城镇化进程中同样扮演着十分重要的角色。20 世纪 80 年代以来，由于我国社会经济和产业结构调整，大量的农业人口离开土地，人口的空间分布发生变化。城镇的人口数量和规模迅猛增加，社会发展城镇化、城镇发展园林化成为一种趋势。有充分的理由相信，在未来的几十年里这种发展趋势还将继续。在淡水资源时空分布不均并且严重匮乏的情况下，这种发展趋势必将引发城镇生活用水、生产用水和生态用水之间的矛盾。城镇园林节水灌溉有效地减少了绿化用水量，对于缓解城镇用水矛盾起到了重要作用。

然而，要想真正突破人类社会面临的淡水资源匮乏的瓶颈，提高社会综合用水效率，单纯依靠节水灌溉是远远不够的。我们必须树立智慧用水的理念，全面审视我们在生活、生产和生态等方面的用水方式和习惯，研发节约的用水设备，推广进步的用水方式。我们必须建立健全有益于在全社会推进节约用水的舆论环境，呼吁智慧用水，打通行业壁垒，消除系统障碍，使有限的淡水资源既能满足居民生活和社会生产的基本需求，又能满足生态环境和文化生活的更高需求，促进人水和谐，促进人类社会可持续发展。

1.6.1　智慧灌溉的内涵及结构

智慧灌溉是指以土壤墒情预报、作物水分动态监测信息与作物生长信息的结合为基础，运用模糊人工神经网络技术、物联网技术和网络技术，结合通用分组无线服务（general packet radio service，GPRS）技术，与远程专家相连，远程专家提供辅助决策信息（如参数选取、决策的合理性等），建立具有监测、传输、诊断、决策功能的作物精量控制灌溉系统。

智慧灌溉技术核心是灌溉智库和受水器，精准化控制的不仅仅是精量计算给水，受水的精准也是灌溉精量化的关键。智慧灌溉绝不仅仅在设施农业园区中得到应用，它可以使用在从水源到田间、田间输水和作物吸收等各个环节，各环节精准定额，智慧调拨，最终被作物吸收。

智慧灌溉由主控服务器、区域控制柜、分路控制器、变送器、数据采集终端、田间气象站和视频监控七部分组成。

主控服务器：整个灌溉系统的最高控制单元，可以完成控制电磁阀启闭，查询并统计田间气象数据和历史用水量，并以根系层土壤含水率、气象数据、作物生育阶段的作物系数 K_C 值为输入，控制作物灌水量。

区域控制柜：用户可通过无线终端与区域控制柜进行通信，把用户从计算机下达的参数传输给分路控制器及反向传输，以控制大棚中的分路控制器工作和现场数据的实时采集。

分路控制器：用于控制电磁阀，同区域控制柜进行通信，接收区域控制柜下达的指令，控制各个灌区电磁阀的启闭。同时上报现场采集的数据给区域控制主机。

变送器：系统采样终端，可将采集的模拟信号数据（如土壤含水量、空气温湿度等）转变成数字传送至分路控制器，为智慧灌溉提供科学依据。

数据采集终端：与土壤湿度、土壤温度、棚内空气温度传感器等前端传感器相连接，把现场的墒情实时地传送到区域控制柜，再由区域控制柜把数据传送到主控服务器中。

田间气象站：为灌溉系统提供气象资料信息，如风向、风速、降水量、光照、空气湿度等。

视频监控：由硬盘录像机、显示器、高清摄像头、云台等构成，可通过云台摄像头360°监控试验地。

1.6.2　智慧灌溉的节水效益

智慧灌溉将喷灌、微灌等高等灌溉"人性化"，是目前节水灌溉的最优目标，能够类似人脑按植物各生长期需求自动控制给水，最大程度地节水和节省人力。

智慧灌溉由于基于作物精量给水，将大大降低灌溉用水量。通过相关研究，每公顷可综合节约灌溉水量约 $450m^3$ 以上。智慧灌溉是从节水灌溉到智慧用水的理念升华，是传统农业由亩均用水量到作物附加值用水量的转变，是城市转型发展、由传统农业向都市型现代农业发展的新坐标，是灌溉发展的必由之路。

1.6.3 水艺的概念

水艺是指用水的技术和艺术，其核心理念是智慧用水。用水的技术强调高效用水，关注所有能够实现这个目标的技术、工艺和设备；用水的艺术是将水作为一种文化载体，满足人们的精神和文化生活需求，用水的艺术也关注所有能够实现这个目标的技术、工艺和设备。

水艺强调科学用水和艺术用水，不但关注节水灌溉，也关注其他用水领域。水艺不但重视用水的技术和技巧，从科学层面实现"少用水多办事"的目标，也重视用水的艺术，从文化层面满足人们的精神需求。

水艺的概念源自对水行业的划分。水行业是一个古老且涉及面十分广泛的行业，分析和观察水行业的组织行为不难发现，保障水量、改善水质和智慧用水构成了政府、企业和社会非营利团体等所有社会组织行为的全部目的。智慧用水包括科学用水和艺术用水，它们构成了水艺的全部内涵。

水艺具有文化的属性和特征。如同茶艺、布艺、陶艺和铁艺一样，水艺将赋予用水行业更多的文化内涵和更大的商业价值。

水艺具有重要的社会意义和现实意义。当前，淡水资源的供需矛盾日益突出，淡水资源除了满足生活和生产的需要外，还要满足人们日益提高的精神需求。如何解决淡水资源的供需矛盾，是关乎人类社会可持续发展的大问题。水艺尝试从用水的层面，唤醒全社会对用水方式的普遍关注，以求有效缓解人类社会面临的淡水资源窘境。

水艺关注用水环节。所有与用水环节有关的理念、技术、工艺和设备都是水艺关注的内容，科学用水和艺术用水是水艺的基本诉求，以科学用水或艺术用水为基本诉求的行业或领域都将受到水艺的关注。

以科学用水和艺术用水为基本诉求的行业或领域具有客户相关性

和专业相关性。客户相关性是指以科学用水和艺术用水为基本诉求的行业或领域服务于几乎相同的客户群体，不同行业或领域的客户重合度较高；专业相关性是指以科学用水和艺术用水为基本诉求的行业或领域属于相同或相近的专业门类，同样的专业知识和技能可以指导不同行业或领域的生产实践。

　　水艺是一个动态的概念。目前，水艺涉及节水灌溉、水景喷泉、高压水雾、雨水利用和景观水治理等行业或领域。随着社会发展和科技进步，人们对用水效率和效果的要求将不断提高，作为一种文化艺术的载体，水的应用价值将得到进一步挖掘，使更多与用水有关的行业或领域产生水的应用价值，水艺的内涵将更加丰富。

第2章 充分灌溉的基本原理

2.1 充分灌溉的基本概念

充分灌溉又称为丰产灌溉或丰水灌溉，要求作物任何阶段都不因灌溉供水量不足，或者灌溉供水不及时而导致生长受到抑制造成减产，保证稳产高产。充分灌溉要求作物根系层土壤含水量或土壤水势控制在某一适宜范围内（含水量不低于田间持水率的70%）。当土壤水分因作物蒸发蒸腾耗水降低到或接近于作物适宜土壤含水率下限时，即进行灌溉。

充分灌溉中最典型的是地面灌溉。地面灌溉是指灌溉水在地面流动过程中借重力和毛细管作用浸润土壤，或在田面上建立一定深度的水层借重力作用逐渐渗入土壤的灌水技术。地面灌溉的田间工程简单、易于实施，水头要求低，能源消耗少。但容易破坏土壤团粒结构，表土易板结，水的利用率较低，平整土地的工作量大。

根据灌溉水渗入土壤的方式，地面灌溉可分为以下四种。

（1）畦灌。从末级灌水渠将水引入畦田中，灌溉水在畦面上以薄层水流的形式在重力作用下沿畦长方向流动，同时向土壤中垂直入渗浸润土壤。畦灌适用于小麦、谷子、蔬菜等窄行密植作物。高质量的畦灌要求灌水均匀，深层渗漏损失小，不冲刷土壤，不溢埂跑水。畦块越小越容易达到这些要求，但畦块越小，所需要的田间工程也越多，费工也越多。根据多数灌区的试验，畦田灌水技术要素因土质和田面坡度而异。重质土壤的田面坡降宜小，畦宜长，单宽流量宜小，封口成数宜大；轻质土壤则与此相反。不同土质的田面坡降为 1/500～1/1000；畦长为 50～200m，一般为 100m 左右；单宽流量 2～5L/(s·m)；封口成数为 7～9 成。

（2）沟灌。从末级灌水渠将水引入灌水沟中，灌溉水在沟中沿沟长方向流动，部分水靠重力作用和土壤毛细管作用通过沟壁浸润土壤。沟灌可保持垄背土壤疏松，减少灌水定额，适用于棉花、甘蔗等宽行作物。沟距通常等于作物行距，沟距一般不超过 1m。当作物行距小于 50cm，土壤渗透性好时，有时也采用两行一沟，即隔沟灌。沟长一般 100m 左右，土壤透水性强的宜短，地面坡度平缓的宜长。入沟流量通常为 0.2～2.0L/s，沟短的取小值，沟长的取大值。美国最近推广的涌流式沟灌，向灌水垄沟轮流、间歇供水，可以大幅度减小灌水沟首部与尾部的入渗水量差别，提高灌水均匀度，节约用水量。

（3）格田灌溉。从末级渠道将水引入用土埂围成的格田，并保持一定深度的水层，靠垂直入渗浸润土壤。

（4）漫灌。只有简单的土埂，引水入田后，任水漫流渗入土壤。

各种地面灌水技术的适用性不同。对于密植作物，一般应选用畦灌；对于水稻或冲洗改良盐碱地，可选用格田淹灌；而对宽行作物则适宜选用沟灌；漫灌适用于灌溉天然草场或引洪淤地。

为了提高地面灌溉的质量，达到灌水均匀、适量、省水、保肥、高效和增产的目的，宜采取 3 个措施：①修建完善的田间工程，精细地平整土地。②根据水流在田间的运动规律，尽快完成水在田面上的流动过程，以达到灌水均匀的目的，如小畦灌、长畦分段灌、块灌和涌流灌溉等。③采用先进的田间灌水设施，如用带孔硬管和移动软管代替传统的灌水垄沟，以自动闸阀保持格田内水层恒定，实行沟畦灌水自动化等。

2.2　充分灌溉的劣势

与节水灌溉方式相比，充分灌溉存在着一系列的劣势。

2.2.1　导致地下水超采，引发水环境问题

我国地下水资源总量为 8700 亿 m³，可开采量仅 2900 亿 m³。我国北方地区 17 个省（自治区、直辖市），属干旱、半干旱、半湿润地区，地表水资源紧缺，不能满足工农业生产和人民生活的用水需求，因此自 20 世纪 70 年代起就大规模开发利用地下水。1995 年，77 个大中城市的市区地下水开采量达 81 亿 m³。1998 年北方地区地下水供水量为 908 亿 m³，

利用地下水灌溉的面积达 1400 万 hm²。在地下水开采集中的地区，多年平均地下水实际开采量普遍超过地下水可开采量。例如，河北平原浅层地下水可开采量为 77 亿 m³，而 1980～1997 年平均每年地下水开采量达 106 亿 m³，每年超采 29 亿 m³。山东省浅层地下水可开采量为 126 亿 m³，而 1984～1993 年累计超采 65 亿 m³。北京市 1980～1995 年累计超采 2217 亿 m³。有限的地下水资源不能承受无节制的过量开采，全国已有 100 多个城市的地下水水位大幅下降，形成面积较大的区域性降落漏斗 56 个，总面积在 9 万 km² 以上（周文凤，1998）。

　　沟畦灌和漫灌都需要大量的灌溉水，但灌溉水的利用率却非常低。首先是输送过程中，由于没有做好管道防渗工作，部分灌溉水就会在输送过程中渗漏蒸发而损失。其次是在田间地表，由于沟畦灌和漫灌是将大量的水直接浇灌在农田上，土壤的渗漏和地表水分的蒸发又使灌溉水利用率大大降低。而节水灌溉非常注重水源输送问题，渠道防渗工作到位，避免了运送过程中水分的渗漏和蒸发的问题，灌溉时喷洒均匀，不会因为水量过多而有较多的灌溉水渗漏和蒸发。

　　20 世纪 80 年代以来，在我国北方，由于黄河等许多河流出现断流及地表水资源的过度开发利用，特别是在比较利益的驱动下，原本以灌溉供水为主的水库和稳定水源已改向城市和工业供水，这种水资源量的转移，加剧了农业用水的紧缺程度。为了满足灌溉用水需求，已经出现了以破坏生态环境为代价的超采地下水资源的短期行为，造成地下水位持续下降，井灌区出现大面积地下水位下降的漏斗区。超量开采地下水不仅导致机泵吊空、机井报废、提水成本增加，而且引发地面裂沉和海水入侵等一系列环境和地质问题。据不完全统计，全国已出现了 56 个地下水区域性下降漏斗，总面积大于 8.2 万 km²。辽宁、河北、山东 3 个沿海省份发生海水入侵地段 74 处，总面积 1236km²，海水入侵造成近 5000 眼机井报废。每年地下水开采量减少 7000 多万 m³，灌溉面积减少 2 万 hm²（周维博和李佩成，2001）。

2.2.2　对作物生长产生不良的影响

　　传统的沟畦灌和漫灌由于灌水量大和灌水压力高，容易造成土地的土壤和肥料的流失，且由于水量大，作物长期处于水量过多的状态，易引起植物的根部病害或涝死。传统灌溉的缺陷导致作物不能稳产高产，直接影响了农民的经济收入。

2.2.3　超定额的大水漫灌，造成土壤次生盐碱化

我国一些大中型灌区，仍采用大水漫灌的方式，缺乏科学的用水管理体系，使地下水位上升，造成大面积耕地盐碱化。位于黄河上游的宁夏引黄灌区，地理条件优越，引水灌溉占先，黄河丰富的水资源使这里成为产粮大区。然而由于无节制地大水漫灌，灌溉定额每 $667m^2$ 高达 $1000m^3$ 以上，不仅造成水资源大量浪费，使下游河南、山东等地枯水季节灌溉用水难以保证，而且改变了当地水盐运动规律，造成灌区土壤盐渍化加剧。据统计，中国北方地区不同程度的盐渍化耕地多达 670 万 hm^2，其中很大一部分是由灌溉不当引起的。这种状况不仅在北方存在，在南方一些水稻种植区，也存在过量用水引发或加重渍害的问题。土壤盐渍化破坏了灌区生态环境，农作物严重减产，部分土地被迫弃耕，土地沙化、气候恶化，已经成为农业生产的一大障碍，严重制约了灌区社会经济的发展。

在中华人民共和国成立初期，我国对盐渍土的水盐运动规律认识不足，在开发大型灌区、发展灌溉、扩大灌溉面积中，也曾使大面积土壤出现过严重的次生盐渍化，造成了不良后果。

例如，1956～1961 年，在华北平原大搞引黄灌溉便是一例。冀、鲁、豫三省有老盐碱地 3200 万亩，占总耕地面积的 10%左右（滨海区除外）。中华人民共和国成立后，不少老盐碱地经过排水冲洗，挖沟种稻，引洪放淤，结合适当的农业措施，得到了改良利用。20 世纪 50 年代末期，在黄淮海平原上大量引黄河水灌溉和平原蓄水而忽视了排水，曾导致平原北部大面积土壤盐渍化，盐渍土面积由 2800 万亩增加到 4800 万亩，经过 10 年的治理才得到恢复。黄淮海平原总面积 35 万 km^2，有耕地 2.7 亿亩，是我国最重要的农业区之一。当时引黄灌溉面积曾一度达到 2.3 亿亩，致使地下水位迅猛升高，地下水埋深由原来的 2～4m 减少到 1～2m，土壤次生盐渍化迅速扩展。据调查，当时几处大型

引黄灌区次生盐渍化面积竟达实际灌溉面积的 1/3。有些地区在开灌后一两年，盐碱化即会露头，或在局部地区发展。三四年后即有大片次生盐碱地出现，造成次生盐渍化的直接原因是引黄灌溉打乱和截断了排水系统，以及大水漫灌、灌溉工程不配套等。灌溉水的大量渗漏，引起地下水位升高。华北平原具有春旱秋涝、涝后又旱、旱涝交错的自然特点，地势低平，又多河流间封闭洼地，地下水位高（一般埋深 2～3m），矿化度大（一般 2～10g/L），土壤属壤土或黏质沙壤土，具有易盐渍化的条件。造成大面积次生盐渍化的间接原因是当时不顾条件地片面强调"以蓄为主"的方针，到处拦河搭坝蓄水或修筑平原水库，所谓"一亩地对一亩天""满天星""葡萄串"。因此，各灌区多是蓄水不浅，有灌无排，或因灌废排。蓄水越多，蓄水位越高，影响范围越大，土壤盐碱化、沼泽化越严重。这就成了人为的灾祸，许多低洼平原地区沦为泽国。

　　例如，河南省淄阳县因蓄水灌溉和发展航运，拦河梯级搭坝，壅高河道水位的同时也抬高了地下水位，沿岸涝碱为害，房屋倒溺，许多肥沃土地大幅度减产，甚至变为不毛之地。当时山东聊城至禹城的徒骇河塌了五道坝，河北省东风灌区的小漳河塌坝七道，黑龙港塌坝二十九道。在无排水条件下，大水漫灌，促使土壤积盐。山东的高唐、夏津本是富庶地区，素有金高唐、银夏津之称，可是在当时由于盐碱危害，变成一片灰色荒野，生产力受到破坏，群众逃荒谋生，沿途所见，触目惊心。由于次生盐渍化的普遍发生和迅速发展，群众对灌溉产生了顾虑，不少人有"宁叫旱死，不叫碱死"的想法。中共中央在 1962 年下令引黄停灌，经过总结经验教训，采取疏通排水、灌区配套等措施，才使情况逐渐好转。到 20 世纪 60 年代末期和 20 世纪 70 年代逐渐恢复灌溉。

　　又如，鲁西北平原 1956 年开始引黄灌溉，1962 年停灌，1967～1979 年复灌。每年引黄河水 50 亿～60 亿 m³，抗旱灌溉 1000 万～1700 万亩，其中引黄灌区 800 万～900 万亩，但少范围的次生盐渍化仍有发生，尽管不像以前那样严重，却也值得注意。

　　地下水超采使地下水位持续下降，沿渤海、黄海的沙质和基岩裂隙海岸地带，发生海水入侵，在有咸水分布的地区出现咸水边界向淡水区移动。

山东沿海地区由于地下水位大幅度下降，莱州湾形成面积为 11400km² 的地下水位下降漏斗，其中地下水位在海平面以下的面积为 2400km²，1988 年漏斗中心地下水位在海平面以下 20m，造成莱州湾海水入侵地下水含水层，入侵面积达 730.7km²。山东省的烟台、威海和青岛也发生了海水入侵。地下水位的下降也造成辽宁省大连、锦州、锦西、营口和河北省秦皇岛的海水入侵和水质恶化。1992 年辽宁省海水入侵面积达 434km²，秦皇岛市达 55.4km²。广西壮族自治区北海市的海城区和涠洲岛都曾由于长期超采地下水引起海水入侵，造成水质恶化。

2.2.4　污水灌溉和农药化肥的施用造成水土环境恶化

19 世纪，随着工业的飞速发展，废污水量越来越多，同时缺水的问题也日益显现，人们开始利用污水。水的重复利用始于农业灌溉，初期的污水灌溉多是自发地、无计划地利用，人们并没有意识到污水灌溉会带来一些健康危害等问题。由于无计划的污灌污染了饮用水源，1840～1850 年暴发了亚细亚霍乱与伤寒症。此后，污灌的污染问题得到关注，人们开始采取措施对污水进行处理后灌溉。发达国家再生水灌溉利用的系统研究开始于 1970 年前后，到 1995 年已经建立了比较完善的再生水灌溉利用技术、法律、规范、标准体系。美国是世界上较早进行污水灌溉的国家之一，到 1977 年，美国有 357 个城市实现了污水处理后再利用，其中回用于农业的占 58.3%，回用于工业的占 40.5%。目前美国 50 个州中有 45 个州采用处理后的污水进行灌溉，60%的再生水用于农业灌溉（乔丽等，2005）。以色列是世界上污水利用程度最高的国家，每年大约 3 亿 m³ 处理过的污水用于农业灌溉，占总用水量的 1/6，占污水总量的 46%。全国有 28500km² 的棉花全部用处理后的污水进行灌溉，城市园林 80%以上是采用处理后的污水结合现代灌溉技术进行灌溉（彭世彰等，2004）。日本的城市污水回用工程，以有较多的"中水道"供生活杂用而著称，约占污水回用总量的 40%。从 1997 年开始实行农村污水处理计划，到目前为止，已建成约 2000 个污水处理厂，处理后的污水水质稳定，多数是引入农田灌溉水稻或果园。相对于经济发达的工业国家来讲，发展中国家在大面积污水灌溉方面起步较晚。但随着城市规模和工业生产的不断扩展，也越来越重视污水灌溉。如埃及、突尼斯、沙特阿拉伯、阿曼、科威特、巴林、摩洛哥、伊朗、苏丹等国都曾利用污水灌溉公园、绿地、谷物、防护林，甚至有的国家用污水灌溉蔬菜。

我国利用生活污水和人畜粪尿灌溉农田的历史悠久。自 1958 年开始规模化的引污灌溉。20 世纪 50 年代末至 20 世纪 60 年代初，城市污水的水质成分相对单一，污水灌溉的节肥、增产效益显著，又为工业废水找到出路，人们普遍认为应当大力发展污水灌溉。由于当时废污水排放量不大，到 1963 年全国污水灌溉面积仅有 4.2 万 hm^2，污水灌溉对农村水环境影响并不明显。20 世纪 60 年代后期到 20 世纪 70 年代初中期，由于废污水排放量日益增多，农业用水也日渐紧张，许多大中城市近郊和工矿区附近的农田越来越多地利用污水灌溉，到 1978 年全国污水灌溉面积已增加到 33.3 万 hm^2。在污水灌溉稳步发展的同时，人们对污水灌溉造成的水、土、粮污染开始产生怀疑，污染问题逐步引起了社会的关注。20 世纪 70 年代后期以来，随着国民经济的快速增长、城市及工业规模迅速扩大，污水排放量激增，污灌面积快速增长，到 1980 年全国污水灌溉面积达 133.3 万 hm^2，1998 年发展到 361.8 万 hm^2。由于污水的成分复杂，大部分废污水未经处理直接用于灌溉，不仅造成了部分农田污染严重，而且对农村水环境构成了威胁。据《中国环境报》1994 年报道，我国不适当的污水灌溉已使 66 万 hm^2 耕地受到重金属和有机化学物质污染。污染问题使得众多专家、学者不得不对污水灌溉叫停，但在水资源紧缺的多数灌区，污水灌溉实际上处于"明降暗升"的局面。另外，由于污水处理不彻底，城市污水排入河、渠，致使多数灌区水源污染，间接或被动的污水灌溉也无处不在。截至 2004 年，污水灌溉面积达到了 361.84 万 hm^2，占灌溉总面积的 7.33%，其中 90%左右分布在水资源严重短缺的黄、淮、海、辽四大流域。

随着工业和城市的发展，我国水资源受到污染的状况越来越严重。全国七大江河水系中，近一半的河段严重污染。20 世纪 80 年代初对

5.3 万 km 长的河流进行检测，有 1.22 万 km 长的河流由于污染而不再适用于灌溉。华北地区 1983～1986 年对全区河流水质评价结果表明，约有 20%的河段不符合灌溉用水标准。全国废污水排放量约 450 亿 t，其中 80%左右未经处理直接排入江河湖库，造成水源污染。即使水资源较为丰沛的南方地区也因污染导致缺水。据统计，全国每年因水污染造成的直接经济损失高达 400 多亿元。由于散布在农村的乡镇工业污染严重，灌溉水源受到严重污染，大量未经处理的废污水被农田直接或间接引用，造成二次污染。水污染造成土壤板结、碱化，降低作物性状，造成农作物减产甚至绝收。据不完全统计，我国遭受到不同程度污染的农田面积达 67 万 hm^2。每年因环境污染损失粮食 1200 万 t，造成农作物减产损失达 150 亿元。因污水灌溉被重金属污染的耕地达 1.3 万 hm^2，污染严重的已被弃耕。

研究表明，不合理地使用污水灌溉，会使农作物叶片和器官受害，生长发育受阻，作物生长缓慢，产量降低，还可能引起农产品蛋白质含量下降。此外，不合理的污水灌溉，会导致污水中的有害物质（如生物难以降解的人工合成有机毒物、重金属元素以及某些致病微生物和病毒等）在植株中积累，产品品质下降，特别是重金属的积累，如果通过食物链进入人体，势必会影响人体健康。

由于我国农田生态环境恶化，病虫、田鼠猖獗，农药用量逐年增加，2012 年全国农药用量高达 138.6 万 t，其中高毒农药占 70%，田间喷施农药时，40%～60%的农药洒落到农田地面，残留在土壤中，有的流失到江河水里，有 5%～30%则飘散到大气中，造成环境污染。高毒农药不仅对环境有污染，而且残留时间长，降解分解缓慢，在作物和蔬菜收获后还会有残留农药，可通过食物链和生物富集作用污染其他食品，对人身体健康造成威胁。

合理施用化学肥料能有效提高农作物产量，我国是世界化肥施用强度最高的国家，2007 年化肥总用量达到 3791 万 t，到 2012 年增至 5636 万 t，单位面积化肥用量达 279kg/hm^2，是世界平均水平的 3 倍，太湖地区化肥用量高达 809kg/hm^2，造成水质富营养化，蓝藻暴发，但是化肥利用率并不高。据报道，我国氮素化肥利用率为 30%～35%，磷肥利用率为 15%～20%，钾肥利用率为 30%～50%，其余的养分挥发损失，反硝化脱氮，淋溶损失，随水流失。60%的养分流失到水土环境中，引起水体富营养化，使作物和水体中硝酸盐含量增高。氮素在适当条件下，可转化为硝态氮，经生化作用后，可还原为亚硝酸态氮，在生物体内转化为亚硝胺，是一种致癌物质，人类如果长期饮用硝酸盐含量过高的水，会慢性中毒，影响身体健康（李锋，2000；张桂香等，2000）。

　　农药和化肥的施用也是污染土壤并造成浅层地下水水质恶化的重要原因。近些年来，农田和果园对农药、化肥的施用量越来越多。虽然它对农业增产起了很大的作用，但也带来严重的土壤及水体污染。农药化肥的过量使用，导致农作物中有毒有害污染物积累。全国年平均农药投放量 20 多万 t，仅有 20%～30%达标，其余 70%～80%的农药进入水体和土壤中。农业化肥、农药随雨水流入江河湖泊，既污染了地下水，又加重了河湖污染。目前太湖流域每年的化肥用量已达 200 万～300 万 t，农药 5 万～8 万 t，约有一半的残留物流入湖中。

第3章　节水灌溉的定义及发展历程

3.1　节水灌溉的基本定义

节水灌溉就是根据作物需水规律和供水条件，在充分利用降水和土壤水的前提下高效利用灌溉用水，最大限度地满足作物需水要求，获得农业最佳经济效益、社会效益和生态环境效益而采取多种措施的总称。各地方不同水资源环境及气候、土壤、地形和社会经济条件下，节水的标准和要求不同。节水灌溉的根本目的是提供灌溉水的有效利用率和水分生产率，实现农业节水、高产、优质、高效。节水灌溉技术是指在灌溉用水从水源到田间，到被作物吸收、形成产量期间（主要包括水资源调配、输配水、田间灌水和作物吸收环节），采取相应的节水措施，组成一个完整的节水灌溉技术体系。

农业节水技术一般主要指节水工程技术、节水农业技术、节水管理技术和水资源优化调配技术。（1）节水工程技术是节水技术体系的核心，其措施有渠道防渗技术、低压管道输水灌溉技术、喷微灌技术及各种地面灌溉节水技术。喷灌技术是指利用水泵和管道系统，在一定压力下由喷头将水喷洒到空中，形成细小的水滴，均匀地洒到田间，是一种供给作物水分的先进的节水灌溉技术。喷灌技术的喷灌系统由水源工程、水泵和动力机、输配水管道系统、喷头及附属设配、附属建筑物以及田间工程等组成。喷灌技术具有节水、省工、保土、适应性强（适应各种作物、土地和地形以及各种场所等）、机械化程度高、增产等优点，但是也具有投资高、受风的影响大和能耗大的缺点。微灌技术是农作物田间灌溉中利用专门或自然水源加压，通过低压管道系统的末级毛管上的孔口或灌水器将有压水流变成的细小水滴直接送到作物根区附近，均匀而适量地浸入土壤供作物生长需求的一种最为先进的灌溉技术。微灌技术的微灌系统由水源工程、首部控制枢纽工程、输配水管道、灌水器等组成。

微灌技术按水流出流方式不同可分为滴灌、微喷灌和涌泉灌。微灌是一种具有喷灌特点的更为节水的节水技术。新疆运用最多的是按照区域自然气候和作物特点将滴灌和薄膜结合而成的膜下滴灌技术。膜下滴灌技术是工程节水（滴灌技术）和农艺节水（覆膜栽培技术）两项技术集成一体的一项新的农业节水灌溉技术，是将滴灌带（毛管）铺于地膜下面，利用管道输水节水和薄膜保水，构成了大田膜下滴灌系统的一种先进高效的节水灌溉技术。（2）农业节水灌溉技术既是农田水利基础设施建设，又是一种农业生产技术，是集农田水利建设和农业技术运用于一体的一项综合工程和技术。节水灌溉技术的应用能有效节约农业用水，提高资源利用率、土地产出率、劳动生产率，促进农业经济增长。大力推广应用高效节水灌溉技术是提高我国农业用水效率，实现农业节水目标，推动农业可持续发展的重要战略举措。但是，高效节水灌溉技术的选择涉及政府、公共科研部门、企业（节水技术产品供给者）、基层农业组织、农户等多方主体，各主体利益目标不同，对节水灌溉技术的行动反应也不同，因此对节水灌溉技术进行创新、推广、大面积普及的难度非常大。高效节水灌溉技术从农田水利基础建设视角看属于准公共产品，节水灌溉设施（管材、滴灌带等）作为一种农业生产要素资料，又是受市场机制调节的商品，高效节水灌溉技术的选择仅靠政府或市场任何一方都不可能获得成功。节水灌溉技术的有效选择不仅取决于水资源的稀缺性和节水灌溉技术的市场需求，还取决于节水灌溉技术选择主体的多方配合的合作行为，以及一个能节约技术选择交易费用的制度环境。因此，该区域的节水灌溉技术才能有效选择，其选择才会取得很好的绩效。

3.2 节水灌溉发展的必然性

3.2.1 现代农业发展需要节水灌溉技术

灌溉是农业发展的基础，现代农业发展需要节水灌溉技术。农业是人类将自然界的物质和能量转化为人类最基本的生活资料的社会生产部门，农业发展史是人类发展的文明史，没有农业的发展就不会有繁荣的现代社会。农业发展经历了原始农业、传统农业和现代农业三个阶段，原始农业历经 10000 年，传统农业历经 3000 年，而现代农业发展不到 100 年。现代农业的发展是农业科技革命和农业技术的应用对传统农业改造的结果，可以说是农业技术的变迁推动了现代农业的发展。

现代农业是建立在现代科学技术和应用机械、化肥等现代工业装备和物质产品的基础上的农业，耗费的机械、燃料、化肥等直接或间接来源于石油能源，因此也称为"石油农业"。现代农业发展大致分三个阶段，第一阶段，以谷物生产机械化为重点，大幅度提高劳动生产率。20 世纪 30～60 年代，世界发达国家实现了农业机械化，化肥、良种、农药等最重要的物质基础的应用与农业机械化的结合，推进劳动生产率大幅度提高，推动了农业的发展。第二阶段，机械-化工-生物技术紧密结合，全面实现机械化，劳动生产率迅速提高。20 世纪 60～80 年代，以生物技术为主的种子革命，高产、优质、抗病品种使得作物产量大幅度提高，在机械化全面应用和化工产品的大量投入下，农业技术形成了以机械-化工-生物技术结合的现代农业技术的应用，大幅提高农业产量和品质，提高了农业产值，推动了农业经济的快速发展。第三阶段，应用高科技获取更高的劳动生产率。20 世纪 80～90 年代，生物工程技术、计算机信息技术、新材料技术等广泛应用于农业领域，大量的"石油产品"投入农业生产，使得农业产出更大幅度提升，土地生产率和劳动生产率达到一个很高的水平，农业发展达到一个前所未有的水平。但是，农业生产过量的投入石油产品带来农业增产的过程中，潜伏的石油危机、环境污染、土壤恶化、生态破坏、水资源缺乏等问题日益严重地影响着农业发展，甚至威胁着人类的生存。

基于现代农业发展的几个阶段，人类过度地依靠石油物质产品的投入，农业发展必然会走到一个极端。发展可持续的农业、农业与自然和谐发展是未来农业发展的方向。水资源的缺乏，制约着人与自然、农业与生态的和谐发展，高效节水灌溉技术的发展既可以节约水资源，提高农业水利用率，又可以节省化肥、农药等物质产品的投入，提高农业资源利用率，是一种促进农业可持续发展的农业应用技术。因此，现代农业发展需要节水灌溉技术，需要大面积推广高效的节水灌溉技术。

3.2.2　现代农业科技革命推动节水灌溉技术发展

世界科技革命为农业科技革命奠定了基础，农业科技革命推动了农业技术的发展，促进了农业的增长和农业经济的发展，为推动农业节水灌溉技术更上一个台阶提供了物质保障和技术支撑。

18 世纪以来，世界三次科技革命给农业技术革新带来了质的飞跃，对农业发展作出了巨大贡献，特别是 20 世纪中叶第三次世界科技革命，信息科学技术、生命科学技术、新材料与新能源技术、管理科学技术等奠定了农业科技革命的基础，农业依托农业科学技术作为支撑取得巨大发展。从 19 世纪初到 20 世纪中叶，科技革命的标志性进展见表 3-1。现代科学基础研究的重大理论发现或发明为农业新技术的发展作出了巨大贡献。在现代科技的进程中，20 世纪中叶世界农业科技取得了丰厚的成果，主要标志成果见表 3-2。世界农业特别是发达国家农业随着工业时代的步伐由传统农业向现代农业过渡，农业发展从此进入了现代农业发展的道路。

表 3-1　现代农业科技革命的科技进展标志（李学勇，2000）

产生时间	科技进展标志	发明人
19 世纪 30 年代	植物光合作用理论	布莱戈
19 世纪 30 年代	杂种优势理论	达尔文
19 世纪 40 年代	植物矿质营养学说	李比希
19 世纪 40 年代	有机合成农药及农业工业	缪勒
19 世纪 60 年代	遗传学	孟德尔、摩尔根

表 3-2　现代农业科技革命的科技标志成果（李学勇，2000）

产生时间	科技进展标志
20 世纪中叶	粮食作物：杂交高产矮秆水稻、杂交高产矮秆小麦
20 世纪中叶	农业化学工业：化学肥料
20 世纪中叶	植物保护技术：农药、除草剂等
20 世纪中叶	农业塑料制品：地膜

20 世纪 50 年代以来，在现代科技快速发展的推动下，农业科技革命再次取得了辉煌成就。随着新的农业科技革命的到来，现代农业发展进入农业技术推动发展的高速阶段。高新技术从各方面推进和影响农业生产，科技发达国家的农业进入现代农业高速发展时期。这一时期农业科技基础研究及科技成果显著，新的农业科技革命的科技进展标志及标志成果对农业发展意义深远（表 3-3 和表 3-4）。农业新技术引领现代农业发展，农业生产进入了科技支撑的现代农业高速发展时期。

表 3-3　新的农业科技革命的科技进展标志（李学勇，2000）

产生时间	科技进展准备标志
20 世纪 50 年代	DNA 双螺旋结构
20 世纪 50 年代	以计算机为工具的信息技术
20 世纪 70 年代	分子生物学和生物技术的新纪元：DNA 重组成功

表 3-4　新的农业科技革命的科技标志成果（李学勇，2000）

产生时间	主要科技进展标志
20 世纪 70 年代	生物技术育种：超级水稻等
20 世纪 90 年代	生物技术育种：克隆羊、克隆牛等
20 世纪 70 年代	动物疫苗
20 世纪 80 年代	生物反应器
20 世纪 70 年代	动植物生物调节剂
20 世纪 70 年代	生物农药
20 世纪 70 年代	精准农业：3S 的应用
20 世纪 70 年代	设施农业、节水农业及滴灌技术

20 世纪，世界科技革命推动了农业科技革命，特别是 20 世纪 50 年代以来，世界农业经历了"绿色革命"、"白色革命"和"蓝色革命"三次技术革命。三次技术革命的重点领域分别为生物技术、信息技术和新材料技术（如以塑料材料生产的农用薄膜和滴灌设施应用于农业生产），这些新技术革命的兴起和发展，以及应用于农业领域的重要研究成果必

将推动农业的飞跃发展。同时，现代农业科技革命为农业高效节水灌溉技术发展奠定了基础，随着水资源的日益稀缺，现代农业科技革命有力地推动着高效节水灌溉技术的发展。

3.3　世界农业节水灌溉技术发展历程及趋势

3.3.1　世界农业节水灌溉技术发展历程

世界干旱半干旱地区遍及 50 多个国家和地区，总面积约为陆地面积的 1/3，在全部耕地中主要依赖自然降水发展农业生产的旱地占 80%，2010 年耕地灌溉面积占总耕地面积的 21.2%，相应的灌溉水量增加 17%，农业用水日益增大，而水资源十分匮乏。20 世纪初，世界各国开始探索农业节水技术，对各种农业节水方式进行了探索和实践，农业节水技术取得了突破性进展。世界各国农业节水措施主要有工程节水、农艺节水、生物节水和管理节水等四大类。这些节水方式采取的节水措施主要有四个基本环节：一是减少渠系（管道）输水过程中的水量蒸发和渗漏损失，提高灌溉水的输水效率；二是减少田间灌溉过程中水分的深层渗漏和地表流失，提高灌溉水的利用率，减少单位灌溉面积的用水量；三是蓄水保墒，减少农田土壤的水分蒸发损失，最大限度地利用天然降水和灌溉水资源；四是提高作物水分利用效率，减少作物的水分蒸腾消耗，获得较高的作物产量和用水效益。农业节水发达的国家在生产实践中，始终把提高上述四个环节中的灌溉（降）水利用率和作物水分利用效率作为重点，在水源开发利用技术、田间节水灌溉技术、农艺节水技术、用水管理技术和农业节水技术集成与产业化等方面取得了农业节水的领先优势。基于农业节水过程中的基本环节，国外发展节水灌溉技术的基本方式主要体现在四个方面：一是农业水资源开放技术，包括地面集水技术、跨流域调水、地下水库利用技术和劣质水利用技术等；二是农业输水节水技术，包括渠道防渗技术、低压管道输水灌溉技术；三是田间灌溉节水技术，包括喷微灌技术、改进地面灌水技术；四是管理节水措施，包括制定节水灌溉制度、重视田间水管理和农民参与、加强灌区用水信息管理、计划合理用水配水、用水价调节用水等。

　　数千年的人类文明历史是一部为水奋斗的水利史，人类拦河蓄水、筑渠引水、开畦灌溉，经历了一次又一次灌溉技术的革新，灌溉技术取得了突飞猛进的发展。特别是 19 世纪末，新材料和新技术的发明和革新，世界各地探索了适合各地水资源节约利用的节水灌溉方式，高效节水灌溉技术有了突破进展，出现了喷灌、微灌等先进高效的灌溉技术。1894 年，美国人查尔斯·斯凯纳对灌溉技术进行了革新，发明了一种高效简便的喷水系统用于农业灌溉，开拓了人类利用机械设施进行节水灌溉的先河。1933 年，美国人澳腾·英格哈特发明了世界上第一台结构简洁、喷射面大的摇臂式喷头，对高效的喷灌技术发展产生了革命性的推动作用。20 世纪中叶，世界经济进入繁荣发展时期，科技迅猛发展，新材料、新技术不断涌现，高效节水灌溉技术得到快速发展。美国人皮尔斯创办的企业制造出了便于联结的薄壁钢管和合金铝管，从而诞生了喷灌系统，开发出了适用于大面积农田作业的半固定式及固定式喷灌系统。在固定摇臂式喷灌技术的基础上，哈里·法里斯通发明了由机械牵引的移动式喷灌机，提高了喷灌的机械化水平，移动式喷灌机适用于灌溉低秆作物，如棉花、小麦、蔬菜、牧草等，极大地提高了劳动生产力。20 世纪 50 年代以后，世界经济快速发展，发达国家农业劳动力进一步紧缺，新的灌溉技术不断涌现。1952 年，美国科罗拉多州的弗兰克发明了一种水力驱动、自动转圈、架上安有喷头的喷灌机，称为中心支轴式喷灌机。这种喷灌机具有自动化程度高、喷灌过程中使用劳动力的成本低、地形适应性强的优点，但也有土地利用率低的缺点，利用率仅为 78%。20 世纪 70 年代后期，科技工作者对中心支轴式喷灌机进行了较大改进，由摇臂式喷头改为低压微喷喷头，水力驱动改为电力驱动，可靠性进一步增强。20 世纪 80 年代初，美国又开发出平移式喷灌机，喷灌技术达到较成熟的水平。喷灌技术的用水率明显高于传统地面灌溉技术，但对十分干旱的干旱半干旱地区，节水效果不明显。因此，一种更为高效的节水灌溉技术诞生了。

　　滴灌技术诞生于以色列。20 世纪 40 年代末期，以色列农业工程师希姆克·伯拉斯发明了滴灌技术，在以色列的内格夫沙漠地区应用于温室灌溉，取得了很好的效果。第二次世界大战结束后，世界经济快速发展，塑料工业得到迅猛发展，塑料管材的使用促进了滴灌技术的发明和推广。20 世纪 60 年代初，以色列和美国开始了滴灌的商业应用，滴灌技术在这两国得到大力推广，对农业节水作出了重要贡献。随后，高效节水的滴灌技术开始在世界范围推广扩散，推动了农业节水革命。20 世纪 80 年代后，世界最先进的节水灌溉技术——滴灌技术，得到蓬勃发展，在发达国家的农业生产中得到推广。1982 年，世界滴灌面积约为 30 多万公顷，滴灌技术在发达国家得到大量应用。

高效节水灌溉技术有很大优势，特别是滴灌技术。滴灌灌溉作物时，水滴入作物根部，作物适时适量得到水和肥料，水利用率高达 90%以上，作物生长好，达到节水又增产的效果。但是，高效节水灌溉技术投入高，技术难度大，在发达国家一般也仅在蔬菜、果树等效益高的作物上使用，只有少数国家大面积采用，在一般作物上也很少大面积使用。发展中国家，特别是一些贫困国家没有采用滴灌技术的经济能力，高效节水的滴灌技术诞生半个多世纪以来并没有得到大面积推广。

3.3.2　世界农业节水灌溉技术发展趋势

20 世纪末期，世界现代农业的发展日趋成熟，高效节水灌溉技术得到快速发展。随着全球性水资源供需矛盾的日益加剧，世界各国，特别是发达国家都把发展高效农业节水灌溉技术作为农业可持续发展的重要举措。发达国家在生产实践中，始终把提高灌溉水的利用率、作物水分生产率、水资源的再生利用率和单方水的农业生产效益作为农业节水技术发展的重要领域，在研究农业节水基础理论和农业节水应用技术的基础上，将高新技术、新材料和新设备与传统农业节水技术相结合，提高了农业节水灌溉技术和产品中的高科技含量，加快了农业向现代节水高效农业的转变。

世界节水灌溉技术发展特征和趋势主要表现为以下几个方面。

（1）农业高效节水的喷微灌技术发展的特征。一是不断提高机械化与自动化的水平，喷微灌技术使用中机械化程度高，计算机技术在喷微灌系统中广泛应用，喷微灌技术采用面积日益扩大；二是日益广泛地应用新技术（如激光、遥感等），重视提高喷微灌技术的应用质量；三是喷微灌设备向低压、节能型方向发展；四是喷微灌技术间相互借鉴、同步发展，技术交叉多目标利用，有效地降低单一用途的造价；五是改进设备，提高性能，开发和研制新型喷头及滴灌带，灌溉产品日趋标准化与系统化。

（2）节水灌溉的渠道管网高效输配水技术方面。20世纪70年代以来，美国、以色列等发达国家为适应大规模的节水灌溉工程建设，已逐步实现输水系统的管网化、智能化和信息化。在大型渠道防渗（包括开挖渠床、铺设塑料薄膜到填土或浇筑混凝土保护层）工程的施工和输配水管理方面广泛采用机械化和自动化。近年来，发达国家为实现用水管理手段的现代化与自动化，满足对灌溉系统管理的灵活、准确、快捷的要求，非常重视空间信息技术、计算机技术、网络技术等高新技术的应用，大多采用自动控制运行方式，特别是对大型渠道的输配水工程多采用中央自动监控（遥测、遥信、遥调）的方式。在大大减少调蓄工程的数量、降低工程造价的同时，既满足用户需求，又有效减少弃水，提高灌溉系统的运行性能与效率。

（3）农业节水灌溉关键设备与重大产品研发及产业化。在农业节水灌溉的关键设备与重大产品研发及产业化方面，发达国家特别注重喷微灌设备与新产品、高效输配水设备与新产品和节水工程新材料的研制与产业化开发，大范围应用于农业生产中，并占据了国际市场。在喷微灌设备与产品开发方面，20世纪70年代以来，随着其他基础工业的发展，喷微灌设备和产品的研发已取得长足进步。美国、以色列、澳大利亚等国家特别重视喷微灌系统的配套性、可靠性和先进性，注重新设备和产品的研制及产业化，特别重视设备和产品的标准化、系列化和通用化，不断推出新的产品或品种，并不断改进老产品的性能。喷微灌系统的所有附件几乎均能根据需要进行制作，产品加工精良、性能可靠、使用方便。例如，以色列的微灌产品（微喷头、滴头、微灌带、过滤器、施肥器等）不仅具有较好的材质和制造工艺，在防堵性能、出水均匀度等方面均属一流水平，且规格品种齐全，仅微灌塑料器材品种就有近160种，规格有2000多种，产品的制造工艺和规模化水平达到较高程度，技术集成度也具备相当程度的水平,且服务保障体系完善,产品畅销全世界。此外,高效节水灌溉技术向智能化发展,智能型的自动控制系统在喷微灌系统的应用,使得水、肥能够适时精量地同步施入作物根区,提高水分和养分的利用率,减少了环境污染,优化了水肥耦合关系。

(4)农业节水灌溉技术体系集成模式。世界各国,特别是发达国家都非常重视高新技术和新材料与传统农业节水灌溉技术的结合,大力提高节水灌溉技术产品中的高科技含量,使农业节水灌溉技术日益走向精准化和可控化,并形成集成化、专业化的技术体系和较为完善的节水灌溉技术和产品市场机制,使原有灌溉技术下的粗放型农业逐步转变为高效灌溉的现代技术集约型农业。

总之,世界各国都在加大对节水灌溉技术的研究力度和推广范围。节水灌溉技术发展趋势日益多元化、集成化和系统化,多种节水方式交叉组合发展,高效节水灌溉技术日趋成熟和完善。例如,随着节水灌溉技术研究的不断深入,节水灌溉工程措施与农艺节水措施相结合的重要性越来越被人们广为接受,农艺节水措施与灌溉工程措施的结合,往往可达到事半功倍的效果。以色列在田间灌溉全部采用喷、微灌技术的同时,结合调整作物种植结构,实施水肥同步供给,形成了节水、高效、高产的农业节水技术体系。美国、俄罗斯等国家在发展农田节水灌溉技术的同时,还利用耕作措施和覆盖保墒措施调控农田水分状况,充分发挥水、光、热等自然资源在生产中的作用,形成了综合性的农业节水发展模式。

3.4　我国农业节水灌溉技术发展历程及趋势

3.4.1　我国农业节水灌溉技术发展历程

我国的传统农业曾经创造了辉煌的成就,维持了我国农业文明数千年长盛不衰,是世界上农业最发达和农业技术最先进的国家之一。我国传统农业从战国时期开始,经历几千年形成了一套完整成熟的农业体系。但是,近代时期,随着帝国主义的侵略,我国经济濒临崩溃,农业生产遭到很大破坏,农业技术停滞不前,农业发展十分落后,农业经济陷入停止增长或倒退局面。中华人民共和国成立后，我国农业基础和农业发展依然比较弱，国家十分重视农业发展和农业科技，恢复和建立了农业科技机构，增加农业科技投入，产生了一大批农业科技成果，对农业发展作出很大贡献。经过 60 多年的发展，我国经历了由传统农业向现代农业的发展过程，现代农业已初具规模，农业技术贡献率达到较高水平，农业发展迅速并取得了辉煌的成就。

21 世纪以来，随着经济社会快速发展，水资源缺乏成为制约我国经济社会发展的重要因素，特别是农业发展，节水灌溉技术的大面积推广可以有效提高农业水的利用率，提高土地生产率和劳动率，促进农业与生态和谐发展，实现农业的可持续发展。节水灌溉技术已成为保障农业技术应用和农业发展的基础。因此，发展节水灌溉技术，特别是高效节水灌溉技术成为一切农业高科技技术应用的最基础保障。我国现代农业发展需要节水灌溉技术，高效的农业节水灌溉技术是保障农业新技术应用而必须发展且应先行发展的一项重要技术。但是，高效节水灌溉技术在世界各地，特别是在发展中国家农业的推广应用仍然非常滞后。我国各地水资源短缺的矛盾日益突出，发展高效节水灌溉技术成为现代农业发展的又一重要方向，农业科技革命和现代农业发展需要高效节水灌溉技术的发展，以微喷灌技术为代表的高效节水灌溉技术必将成为21 世纪现代农业技术发展的重要领域。

中华人民共和国成立以来，我国建立了较为完整的农业科技体系，构建了中央和地方两级管理的农业科研体制，农业科技取得了举世瞩目的成就。特别是改革开放以来，在种植资源、作物动物遗传育种、栽培饲养技术、土壤肥料、灌溉与节水、设施农业、农业气象等领域都取得了突破性进展，推动了我国现代农业的发展，对世界农业科技发展也作出了重要贡献。

改革开放以来，我国农业科技取得了巨大成就，特别是近年来对农业节水技术、节水装备设施及节水灌溉综合技术应用等领域加大了研究力度，开展了一系列重大科研项目，取得突破性进展，有效推动了节水灌溉技术的发展。这些节水农业科技领域的研究对提高我国农业节水的应用基础理论研究水平、推广先进实用的技术、开发农业节水新产品与新材料并实现产业化起到了非常重要的促进和推动作用，加快了农业节水灌溉技术的发展。我国农业科技进步推动节水灌溉技术发展主要表现在：一是农业节水灌溉的应用基础及前沿与关键技术领域。此领域研究系统地揭示了土壤-植物-大气连续体水分、养分迁移规律和调控理论以及作物非充分灌溉理论与模式，特别是在农田水分转化规律、水分养分传输动态模拟、作物需水规律与计算模型及抗旱节水机理等方面取得了突破，为农业节水技术的研发提供了有力的基础理论支持。二是农业节水灌溉关键设备与重大产品研发及产业化方面。在这些方面取得的一批科技成果已完成产业化开发，批量生产了旱地蓄水保墒耕作机具、轻小型喷灌机组、喷微灌设备、行走式局部施灌机、波涌灌溉设备、农田量水设备、各类输水专用管材和管件、防渗材料与防渗施工机械等，为农业节水灌溉技术的规模化应用提供了技术支撑。三是农业节水灌溉技术体系集成模式与示范方面。水资源合理开发利用、高效输配水技术、田间节水灌溉技术、用水管理技术、农田高效用水技术、保水保肥的耕作制度、作物抗旱特性改善和利用技术等一系列技术取得科技成果的基础上，初步建立了农业节水灌溉技术集成体系，并在农业生产实际中得到了大面积应用，产生了明显的节水增产效果。

我国的科技进步有效推动了节水灌溉技术的发展，同时，节水灌溉技术的推广也推动其他农业新技术的更好应用，推动了现代农业的发展。农业节水灌溉技术是现代农业技术的重要组成部分，是促进农业增长的重要源泉，发展农业节水灌溉技术对农业可持续发展意义重大。

我国节水灌溉工程建设和节水灌溉技术发展经历了计划经济时期、改革开放时期和 21 世纪经济快速发展时期三个时期。不同时期节水灌溉技术发展具有不同的特征，对节水灌溉的认识和实践及对节水灌溉技术的探索和创新，各时期都得到一定发展，取得较大成就。我国的农田水利建设历程其实也是一个节水灌溉技术发展的历程，从最初扩大农田灌溉面积，提高水利工程管理水平，合理利用水资源，到大面积推广高效节水灌溉技术，其目标都是提高农业的水利用率，促进农业高效高产可持续发展，其实质都是节约、高效、科学地利用水资源。从中华人民共和国成立后的水利工程大建设到 21 世纪大力发展高效节水灌溉技术，我国的水利工程建设和节水灌溉技术经历了一个波澜壮阔的发展历程。

1. 中华人民共和国成立到 20 世纪 70 年代末期（水利工程建设快速发展阶段）

中华人民共和国成立后，国家百废待兴，水利工程建设是基础之基础，国家高度重视水利事业发展，这一时期国家投入大量财力和人力大兴水利建设，水利工程经历了一个快速发展的建设阶段。此阶段的节水灌溉工程建设和节水灌溉技术发展的主要特征为：一是加强农田水利工程建设，提高水资源利用率；二是以农田水利工程建设为主，兼顾节水灌溉技术推行；三是节水灌溉意识存在，但节水灌溉技术较为低效。具体情况如下所述。

（1）大力开展农田水利工程建设，提高农业灌溉水利用率。国家有计划、有组织地投入大批财力、人力进行大规模的水利工程建设，许多大型水利工程、农田基础水利工程的建成有效扩大了农田灌溉面积，提高了灌溉水利用率，为提高农业生产水平奠定了坚实的基础。这一时期的农田水利工程建设主要经历了两个阶段。第一阶段，1949～1957 年经历了三年恢复建设和第一个五年计划建设阶段。这一阶段国家水利工程建设主要是疏通河道、筑堤建坝，建设大中型水库、渠道等水利工程，发动组织群众恢复兴建小型基本农田水利工程，使全国灌溉面积达到近 4 亿亩，有效提高了农业抵抗洪旱灾的能力，极大地促进了农业生产。第二阶段，1958～1978 年水利工程建设经历"大跃进"、"三年调整"和"第三个五年计划"及"农业学大寨"等时期的建设高潮阶段。这一时期国家动员组织各方力量，大兴水利，水利工程进入空前繁荣的建设时期。但是，建设的水利工程数量虽多，工程质量却较低，水利管理也跟不上，水利工程建设和节水灌溉技术发展仍处于较低水平。然而，此阶段的水利建设虽然问题多，但是在农业灌溉方面取得了一定成效。农业灌溉用水量有所下降，有效灌溉面积有较大增长，对农业节水灌溉作出了一定贡献，基本保障了我国粮食生产及农业稳定发展。这一时期水利工程建设绩效见表 3-5。可以看出，1949～1980 年农业用水量和灌溉用水量逐年增加，但农业和灌溉用水比例逐年减少，有效灌溉面积逐年增加，灌溉量增加不大，粮食总产量也逐渐提高，这说明水利工程建设对节约农业用水发挥了很大作用，灌溉工程的建设和灌溉技术的改进有效地提高了农业水利用率，保障了粮食产量，对国家经济社会发展做出了重要贡献。

表 3-5　1949～1980 年农业用水量和农田灌溉用水量的变化（徐亮，2002）

年份	农业用水量/($\times 10^8 m^3$)	灌溉用水量/($\times 10^8 m^3$)	占全国用水比例/%		有效面积/($\times 10^8$ 亩)	灌溉量/($\times 10^8 m^3$)	粮食总产量/($\times 10^8 t$)
			农业	灌溉			
1949	1001	956	96.3	92	2.39	398	1.132
1957	1938	1853	94.1	90	3.75	494	1.951
1965	2545	2350	92	85	4.81	489	1.946
1970	3000	2700	90	81	5.4	500	2.4
1980	3912	3574	87.8	80.5	7.33	512	3.206

（2）农田水利工程建设为主，兼顾节水灌溉技术推行。1949 年到20 世纪 70 年代末期，我国灌溉工程建设主要是以外延为主，大兴各类蓄、引、提灌工程等农田水利工程建设，在工程建设中兼顾考虑节约水资源的灌溉方式，灌溉工程建设及管理围绕提高水利用率，节水灌溉技术简单，节水效率并不高，但实际也推行了许多节水技术，如渠道防渗、改进沟畦灌水技术及计划用水制度等。在渠道防渗技术上，先后推广黏土、灰土、石砌防渗、混凝土防渗、塑料薄膜防渗等。在改变灌溉方式上，降低粗放灌溉情况，南方水田推广"新法泡田、浅水灌溉法"，北方旱作灌区倡导采用沟灌和畦灌等。建立灌溉试验基地，研究各种作物需水量和耗水规律，提出主要农作物灌溉制度。推进计划用水，根据作物需水要求，结合水源情况、农业生产安排，编制用水计划，有计划地蓄水、配水和用水，改变用水无序状况。计划用水按照"统、算、配、灌、定、量"六个环节要求，制订灌溉制度和管理责任人，采用作物丰产需水灌溉制度和灌溉技术按计划对农田进行灌溉。这些灌溉方式、方法和制度的改变对节水灌溉推行起到了很大作用，可以说是这一时期运用到实际生产中最有效的节水灌溉技术。

总的来看，这一时期，由于国家经济发展和农业生产水平较低，并且水资源较充分，灌溉用水供需矛盾不突出，加之对节水灌溉的认识和经济、技术条件的限制，水利建设主要是对水源开发利用，扩大灌溉面积，实际生产中有节水灌溉的方式和方法。但是，节水灌溉技术涉及范围窄，方式简单，技术科技含量低，农户节水意识也不强，农业水利用率较低，节水灌溉技术处于一个较低的发展水平。

2. 20 世纪 70 年代后期到 90 年代初（水利工程建设缓慢与节水灌溉意识萌发阶段）

改革开放后，我国由计划经济向市场经济体制转变，农村实行了家庭承包制，人民公社管理体制结束，农村基层对农田基本水利建设热潮消失，国家对水利工程建设投入也减少，到 20 世纪 80 年代中期农田水利工程建设几乎停滞，甚至出现倒退局面。虽然经过改革开放前的水利建设高潮，农田水利工程基本完善，农业有效灌溉面积得到空前增长，但是农业灌溉用水仍存在较大浪费，农业水利用率仍较低，并且水资源过度开发，用水紧张问题已经十分凸显。20 世纪 90 年代初期，随着水利工程建设逐步由外延为主转向内涵建设为主，国家强调水利工程配套和技术改造，加强灌溉管理制度建设，提倡引进先进节水灌溉技术，对节水灌溉技术的发展逐步有所意识并进入萌发阶段。

（1）水利工程建设缓慢，有效灌溉面积时减时增。20 世纪 80 年代初期，国家发展战略调整，农村生产经营制度发生变革，农村水利建设陷入前所未有的停滞及倒退阶段。水利基础建设投资年均增长率为 2%，仅占全国基本建设总投资的 2.7%，有效灌溉面积从 1982 年的 4866 万 hm^2 降到 1986 年的 4787 万 hm^2，减少 79 万 hm^2，年均递减率为 0.4%，成为中华人民共和国成立以来出现有效灌溉面积递减的阶段。其后几年，农田水利工程建设和管理都出现倒退，水利工程年久失修，特别是农田小水利工程破损严重，防洪抗旱功能明显减弱，灌溉效益衰减，有的灌区又转入靠天种地的局面。农村建设水利工程集体组织的缺失使得农田小水利工程投资投劳明显不足，灌溉方式和灌溉技术也没有进一步得到改进，对农业生产产生极大的影响。20 世纪 80 年代中期，国家意识到水利工程建设滞缓对农业生产的影响，逐步加大了水利工程的建设力度。到 20 世纪 90 年代初期，国家开始将水利建设重点逐步转向以提高经济效益为中心的思路上，加强建设和管理小型水利设施，通过加大投入实施水利工程灌溉配套建设工程、改进灌溉技术、改革灌溉管理制度和提高灌溉效率等方式，农田水利建设有所增长。1986～1990 年，有效灌溉面积由 4787 万 hm^2 增长到 4839 万 hm^2，年均递增 0.3%，水利建设投资也由 80 年代初期占国家基础建设总投资的 2.7% 增加到 8.6%，此后，水利工程建设进入了市场经济转轨过渡期的正常而缓慢的发展时期（张宁，2009）。

（2）工农城乡争水矛盾凸显，萌发节水意识并积极探索农业节水灌溉技术。改革开放后，随着我国经济社会快速发展，各行各业都进入全面建设发展时期，工农业争水、城乡争水，缺水矛盾日益突出。经过几十年的水利工程建设，农田水利工程灌溉规模趋于稳定，水资源开发空间较少，占用水份额最大的农业，要实现可持续发展只有走提高水利用率，推行节水灌溉技术和实施节水灌溉的道路。此外，这一时期我国农业正由传统农业向现代农业过渡，农业栽培模式、作物品种、机械化程度等改变和提高，使得农业对灌溉精度要求日益提高，对灌溉水数量、时间及土壤湿度、肥效等都有很高的要求。传统的灌溉方式和低效的灌溉技术对新形势下现代农业的发展越来越不适应，农业对新的高效节水灌溉技术越来越迫切需求。此时，国家和地方政府萌发了发展农业高效节水灌溉的意识，开始探索并走上了发展节水灌溉新技术的征程。全国各地兴起了引进、研发和推广高效节水灌溉技术的热潮，各地政府及部门开始探索我国节水灌溉技术道路，将农业喷灌技术、滴灌技术和低压管道输水灌溉技术等逐步引进、试验及建立示范地，并取得了一定成绩。但是，高效节水灌溉技术仅仅处于探索阶段，节水灌溉技术的推广和应用没有达到很好的效果。

3. 20 世纪 90 年代到 21 世纪初（农田水利建设快速增长与节水灌溉技术积极探索推广阶段）

20 世纪 90 年代，我国经济社会进入快速发展阶段，国家高度重视水利工程建设，特别是对农田水利工程及农村水利基础建设，加大了政策支持和资金投入力度。各地方政府积极配合中央政府农田水利战略决策，出台了多方位的支持政策，并引入了市场机制，多渠道、多层次集资投入农田水利建设，农田水利建设又进入空前的发展时期，极大地解决了农田水利建设不足的局面。随着各地缺水矛盾日益突出，国家也从粮食安全和经济发展的战略考虑部署节约水资源，国家及地方政府对发展节水灌溉技术日益重视，并出台了很多节水政策，对探索和推广节水灌溉技术有积极作用。

（1）国家出台节水灌溉政策，积极探索推广节水灌溉技术。20 世纪 90 年代后期，国家对作为节水重点领域的农业节水日益重视，节水灌溉正式从各地探索试验的局部行为上升成为国家农田水利建设的重要发展战略，探索和推广节水灌溉技术成为国家农业节水发展的重点领域，也成为政府一项重要的职责并纳入了国家经济社会发展规划和工作部署。党和国家领导人及各级各部门领导等都高度重视农业节水灌溉技术的推广工作，在党中央和国务院的高度重视和领导下，国家有关部门紧密配合，多方面积极采取措施贯彻落实中央对推广节水灌溉技术的战略部署。例如，1996 年江泽民总书记在河南省视察时指出："各级领导同志都要有一种强烈的意识，就是十分注意节约用地、节约用水。这两件事涉及农业的根本、人类生存的根本，在我国尤其意义重大"。1990 年李鹏总理视察新乡中国农科院农田灌溉研究所时，专门听取了节水灌溉技术科研情况汇报，题词"开展科学研究，为节水型农业做出更大贡献"，并从总理预备经费中安排专项资金支持"华北地区节水型农业技术研究与示范区建设"。中共十四届五中全会通过的《中共中央关于制定国民经济和社会发展"九五"计划和 2010 年远景目标的建议》中提出"大力普及节水灌溉技术，扩大旱涝保收、稳产高产农田"。1995 年秋，国务院在山西召开了以节水灌溉为主题的全国农田水利基本建设工作会议。1996 年国务院正式批准实施建设 300 个节水增产重点县的工作计划，以此带动全国节水灌溉技术的普及。国家科学技术委员会把"节水农业技术研究与示范"作为"九五"科技攻关重大项目，组织十多个科研单位承担任务。国家计委与水利部在非经营性基建拨款中安排专项投资建设节水增效示范区，又安排专项资金支持大型灌区进行以节水为中心的续建配套和技术改造。中国人民银行、中国农业发展银行、中国农业银行安排节水灌溉专项贷款、中央财政与地方财政分别给予贴息（许迪和李益农，2002）。

在党中央和国家的安排部署下，各地方政府采取多种措施加快了对节水灌溉技术的推广，一些省市制订了专项规划和提出发展目标，并安排了专项补助资金，一些省市将推广节水灌溉作为政府任期内主要目标和任务，将节水灌溉推广作为政府领导和部门负责人政绩考核内容。总的来说，国家高度重视并出台节水灌溉政策后，各地都积极探索推广节水灌溉技术。

（2）节水灌溉技术取得突破进展，做好大面积推广的准备。20 世纪 90 年代初，我国在高效节水灌溉技术应用方面还比较落后，而国外先进的高效节水灌溉技术日趋成熟，已经规模化、市场化运营并取得很好的效益。在巨大的节水灌溉技术市场前景下，国内企业和科研机构开始与国外企业合作，从引进节水灌溉设施进行试验，到引进生产节水灌溉设施的设备进行生产，并在引进的基础上逐步消化创新，最终在节水灌溉设施生产及节水灌溉技术创新上取得很大进展，为今后大面积推广节水灌溉技术奠定了基础。例如，1990 年成立的北京绿源塑料联合公司从以色列引进微灌灌水器生产技术，并研制了内嵌式滴灌带、滴头、喷头、过滤设备等灌溉产品。山东莱芜塑料制品集团自主开发了微灌管材、压力补偿滴头、折射式微喷头等产品。天津英特泰克灌溉技术有限公司与美国合作开发了脉冲微喷灌系统。20 世纪 90 年代末，新疆天业公司、陕西秦川节水灌溉设备公司等节水灌溉设备生产企业，在引进和自主创新的基础上开发了适合当地应用的节水灌溉设施，使我国节水灌溉技术及产品生产有很大提高，对我国节水灌溉技术的推广作出很大的贡献。

我国要实现高效节水灌溉技术大面积推广，主要应在高效节水灌溉技术应用成本和推广成本上有所突破，对节水灌溉的关键技术和产业化方面都要适合我国基本国情，要能生产出价格合适的节水灌溉设施产品，也就是说节水灌溉技术要做到技术上可靠和经济上可行。

3.4.2　我国农业节水灌溉技术发展趋势

21 世纪世界农业科技革命兴起，农业高科技广泛应用，现代农业蓬勃发展，世界各国农业得到快速发展。我国在耕地和水资源缺乏的双重约束下，要保障粮食安全，提高农业的国际竞争力，就要加速发展现代农业，依靠科学技术，破解耕地和水资源紧缺瓶颈，提高资源特别是水资源的利用率，实现农业高产优质高效的目标。农业节水灌溉是新形势下农业发展的迫切需求，推广节水灌溉技术前景光明，任务艰巨，意义重大。

1. 农业节水灌溉技术发展特征和趋势

新世纪现代农业和现代农业技术的快速发展，使我国农业进入由传统农业向现代农业的转变时期，农业发展由追求产量最大化向追求效益最大化转变，依靠农业科技进步和技术推广发展农业。农业要实现可持续发展，就必须调整和优化农业生产结构，提高农业生产效益，增加农民收入，改善生态环境，增强国际竞争力。农业发展要增强资本和科技投入力量，突显资本和技术要素作用，突破其受制于资源要素的制约，特别是水资源的缺乏，发展农业灌溉节水技术，加大农业节水灌溉技术投入势在必行。

在过去和未来的几十年里，我国农业节水灌溉技术发展呈良好态势，主要具有以下特征和趋势：一是国家高度重视，节水政策不断推出，农民节水意识增强。党和国家高度重视农业节水工作，党的十五届五中全会明确提出建设节水型社会，大力发展节水农业。十六大、十七大及历年中央一号文件都对农业节水工作做出部署。在国家节水政策的推行下，各地积极加强宣传、推行节水灌溉技术，农民节水意识逐步增强，参与节水的主动性明显提高。二是明确农业节水方向和农业节水技术路线。随着经济社会的快速发展，我国水资源短缺更为严重，作为用水大户的农业应列为节水的重要领域，确定以提高水资源利用效率和效益为核心目标，大力发展高效节水灌溉技术的农业节水战略。高效节水灌溉技术是农业节水的重要方向，今后节水将确立以工程节水为主结合农艺节水和管理节水的技术路线，以提高水的利用效率、经济效益和生态效益为目标，发展自主创新节水灌溉的技术路线。三是依靠高科技进行节水灌溉技术创新，发展综合集成型节水新技术。高效节水灌溉技术是一个复杂的系统的技术集成，包含水利工程、作物栽培、水资源管理等多方面，各领域都需要高新技术支撑，形成综合集成型节水新技术是一个重要方向。四是创新节水灌溉管理制度，以制度管理保障节水灌溉技术推广。节水灌溉技术重在推广应用，农户是技术选择的主体，建立有效的节水灌溉制度，以制度推进节水灌溉技术推广是大面积采用节水新技术的重要举措。

农业节水灌溉技术是一个多学科交叉、多种高科技领域综合的技术体系，它涉及力学、水利工程、农业工程、机械工程、化学工程与技术、材料科学与工程、作物学、农业资源利用、控制科学与工程等十多个学科，及水利、土壤、作物、化工、气象、机械、计算机等多个行业研究领域和应用。经过多年的探索和实践，我国在水源开发与优化利用技术、节水灌溉工程技术、农业耕作栽培节水技术和节水管理技术等方面基本形成了适合我国经济情况和农业特点的节水灌溉技术体系，节水灌溉技术日趋成熟，大面积推广上达到了经济性可接受程度。但是，节水灌溉技术还存在一定不足，在技术创新方面还需进一步突破。

我国农业节水灌溉技术需要继续加强技术创新，在一些重点领域要有突破，具体发展趋势有：第一，作物生产领域。按照高效用水与作物高产高效优质的可持续发展目标，通过优化节水灌溉的配套农艺措施及工程技术、肥料高效利用的综合配套技术，研究作物高产优质、低成本及环境友好的生产目标，水肥高效利用的关键技术和高效节水灌溉条件下，不同作物产量形成的生理生态机理及调控技术，从而达到不同作物最优供水量下的作物高产优质目的。第二，信息化领域。应用卫星定位技术、遥感技术、计算机控制技术和自动测量技术，及时掌握区域作物需水精确变化数据，适时确定需水量和时间，按作物需水规律优化供水方案。第三，灌溉设施生产领域。高效低耗灌溉产品新材料及生产工艺设备的研究。第四，节水灌溉工程领域。灌溉工程设计、安装，滴灌带铺设和回收机械化，与滴灌作物生产配套的技术，作物精准栽培、数字化农作技术及农业生态保护等。

2. 农业节水灌溉技术推广前景

　　未来我国水资源缺乏趋势依然严重，农业节水形势严峻，节水灌溉需求潜力巨大，节水灌溉技术发展前景广泛。目前我国农业灌溉水利用系数仅为 0.47，比发达国家的利用系数 0.8 低了近一半，提高农业灌溉水利用率任务艰巨。2007 年，我国节水灌溉工程面积达到 3.52 亿亩，占全国农田有效灌溉面积的 40.7%，而欧美的一些国家则达 80%以上。

第4章 加氧灌溉基本原理

作物种植应该以突出的品质和产量为重点，与灌溉方式和灌水量有很大的关联。传统的常规灌溉方式（漫灌、沟灌）存在许多弊端，如用水量多、灌溉不均匀等。为解决这些问题，地下滴灌应运而生。地下滴灌是把滴头埋在地下，将水缓慢渗入作物根区土壤，通过毛细管或者重力作用扩散到根毛区，直接供根系吸收利用的一种高效节水灌溉技术。地下滴灌具有很多优点。例如，相较于沟灌，它可以减少水分表面蒸发及渗漏损失、提高水分利用率等。研究表明，地下滴灌能提高作物产量，改善作物品质，甚至还能改良土壤的环境（李道西和罗金耀，2003）。因地下滴灌的众多优点，灌溉水利用系数得到了不断的提高，在干旱和半干旱地区逐渐得到了推广和应用，在农田灌溉方面比传统灌溉方式明显提高了水分利用效率。国内外专家不断在设施园艺作物研究中运用了此技术，已取得了显著的成果（孙俊环等，2006）。

尽管地下滴灌具有很广的适用范围，但是它仍旧不是很理想的灌溉系统。地下滴灌造成很多土壤出现持续的湿润峰，导致根区缺氧，影响作物的正常生长发育。从当前我国的经济和社会发展来看，由于全球变化、人类活动的负面影响，地球上水的循环正在发生着变化，水资源已接近资源承载能力的上限，水资源紧缺问题尤为突出，许多地区正在发生严重的水问题与危机。我国是一个农业大国，近年来农业取得了较大的突破，水资源紧缺已成为制约我国农业经济发展的主要限制因素。大力发展节水农业灌溉是提高农业用水效率的重要手段。水、肥、气、热、光作为植物生长发育的五大外部因素，各因素共同影响着植物的生长发育。长期以来，研究的重点主要为水、肥调节对作物生长发育的影响，对光、热的研究相对较少，对气的研究就更少了。众所周知，化学、物理和生物因素均能够单独或者相互作用来抑制作物根区的生长发育，进而影响作物的生长发育（Zobel，1992）。

土壤作为作物生长的基质，其通透性对作物根系呼吸及有机质的分解的影响显著，一旦根区土壤出现缺氧现象，作物根系的生长就会受到抑制，从而影响作物地上部分的生长（张继澎，1999）。研究表明，作物根系生长的最低氧浓度为 3%，而当氧浓度为 1% 时，根系就停止生长，保证根系尖端正常发育的氧浓度不应低于 5%，并且新根发育所需要的氧气浓度应该超过 12%（姚贤良和程云生，1986）。当灌溉或降水过多时，土表会出现淹水、渍水现象，水就会充满土壤孔隙，导致有限的空气溶解，使土壤空气中氧气的含量降低，最终造成作物根系生长不良，威胁植株的生长（Nakano，2007；Heuberger et al.，2001）。因此，土壤中的氧气是作物种植中一项关键性的决定因素。灌溉方式、土壤类型及排气方式都会对土壤中的 O_2 含量有短期或者长期的影响（McLaren and Cameron，1996）。在亚热带地区的夏季，灌溉水主要由降雨提供，特别是对暴雨条件下在重黏土中广泛种植的作物。例如，澳大利亚的甘蔗和棉花，很容易遭受生长抑制和产量下降的困扰（Thongbai et al.，2001）。相对于轻质土，在特定的土水势条件下，重黏土更容易受灌溉抑制作用影响而缺氧。从植物水势的角度来看，土水势最好保持接近饱和点，但是如果土壤张力很低，尤其是对干黏土很容易造成低区供氧，这是因为中等灌水水平条件下土壤孢子的形成限制了气体的流动（Silberbush et al.，1979）。

生长在土壤中的植物，经常会因为土壤中 CO_2 浓度过高或者 O_2 浓度过低而影响植物的生长发育，间接影响其产量和品质，这一点已得到一些研究的证实（孙周平，2003；Boru et al.，2003；Tanaka and Navasero，1967）。由于植物的根系生长环境对植物生长发育和产量起着重要作用，植物的根系需要充足的 O_2 进行有氧呼吸来维持自身的新陈代谢和整个植株的生长发育。土壤中的气体特别是 O_2、CO_2 等浓度的高低对根系生长起促进和抑制作用，从而影响作物生长发育，进而影响作物的产量和品质。这主要是由于土壤中的 O_2 和 CO_2 浓度对植物根系呼吸作用的影响很大。

水、肥、气、热、光是满足农作物生长所必需的重要因素，这些因素间相互协调、相互制约共同影响着作物的生长。随着设施农业的不断发展，大力提倡节水灌溉，新型高效的节水灌溉技术有效提高了灌溉水的利用系数，增加了水分利用效率。这些研究大多集中在水、肥、光和热的协调上，但是忽略了气的因素，土壤通气方面的研究比较少。

作物的根系需要进行呼吸作用，如果土壤的通气性不良，氧气不充足，就会抑制根系的呼吸作用，进而削弱根系对水分、养分的吸收。Jackson（1962）报道了关于改变根际土壤气体环境对作物生长发育、品质及产量的研究。报道指出，与改良排水设备系统或者改善作物土壤结构相比较，根际土壤通气更有助于促进作物的生长发育。通过向作物根区土壤通气，能显著改善作物根区的生长环境，作物根区缺氧的症状也能得到不同程度的缓解，与此同时，作物的生长发育状况、产量与品质均得到明显改善。研究表明，当土壤通气受到限制时，作物根系吸收的氧气浓度减少，从而作物根系得不到充足的氧气来进行自身的呼吸作用，进而影响了作物的生长发育。土壤的机械压实导致土壤的通气不良，减少了水分的吸收而引起早期萎蔫，严重地抑制了作物的生长发育（Bhattarai et al.，2006；Boru et al.，2003；Heuberger et al.，2001），使作物产量和品质得到下降（赵旭等，2010）。

根系呼吸是根系代谢的主要动力，同样影响地上部分的生长（Meek et al.，1990）。但充足的 O_2 来源主要取决于根系周围土壤的 O_2 含量。不同土壤条件下的土壤盐性、紧压性、碱性及灌溉造成的低氧是目前生产潜力的主要瓶颈（Jayawardane and Meyer，1985；Hodgson and Chan，1982）。不断的经验及理论研究表明，通过提高土壤中的 O_2 含量使其从缺氧条件下到正常水平，可以极大地影响作物生长。

土壤中空气含量的多少可直接影响作物的根系呼吸、土壤酶活性及对养分的吸收等，因此，土壤通气也是影响土壤肥力的重要因素。由于排水不良和淹水，土壤水分温度较高或者大量施用化肥引起的通气不良，会影响根系呼吸并减少水分和养分的吸收，进而时农作物、蔬菜、果树的产量和品质产生不利的影响。

根际氧气供应不足在作物栽培中普遍发生，无论是在大田栽培还是在水培和基质培中都会出现，因此如何改进根际氧气供应，平衡水、气状况是作物栽培中一项非常重要的课题。节水加氧灌溉旨在基于现代水肥亲和与灌水施肥技术，改善作物灌溉后根系供氧不足的根区生长环境，保障根系生长的功能、土壤微生物的活动及矿物质的转化，提高水肥的利用效率。

4.1　加氧灌溉概念的提出

加氧灌溉（aeration irrigation）是通过在灌溉水中加气，直接向作物根系输氧来实现根区气体环境的优化，促进作物生长，从而获取农作物增产增收的极为节水、节能与利于环境的新型高效节水灌溉技术。它不但能节水、增产、提高品质、提高水肥利用效率，还能改良土壤，提高土地生产力，有利于缓解当前农业用水紧缺问题，将成为未来节水灌溉的发展方向之一。节水加氧灌溉作为一种新型高效节水灌溉技术已经得到美国、澳大利亚、日本、中国等众多学者的研究。

节水加氧灌溉能够改善根系分布，扩大根系体积，增强根系活力，提高水分利用效率。作物在进行滴灌的生长过程中，根系大部分集中在被灌溉土体的外围，位于被灌溉土体的中央部分的氧气扩散率非常低。通过研究作物节水加氧灌溉发现，棉花和玉米灌溉土体中的根系分布明显改变；烟草根系活力达到最优，根系体积扩大，不定根及细根量增多，根系活力增强；马铃薯和棉花的产量增加，水分利用效率提高。

节水加氧灌溉能够促进作物生长，提高产量和品质。在节水加氧灌溉条件下，马铃薯、番茄和黄瓜生长加快、产量提高；小型西瓜的产量、可溶性总糖和可溶性固形物含量均显著提高。研究发现，循环曝气滴灌可以大幅度提高灌溉水掺气比例，有效改善普通地下滴灌引起的黏质型土壤根区间歇性缺氧环境，提高作物生产力。曝气滴灌可显著促进黄黏土中番茄的生长，促进番茄果实成熟，有效提高作物产量，改善番茄品质。

节水加氧灌溉能够改良土壤，提高土地生产力。加氧灌溉对于生长在盐碱地的作物适应性更强，根区通气促进了根系的生长，让根系更加适应在盐碱地里的生长，通气提高了根系机能，为根系排盐起了重要作用。节水加氧灌溉情况下，盐碱地的棉花和大豆根系呼吸分别提高了

9%和 25%，根系排盐量分别提高了 6%和 25%；盐碱地的番茄植株生长加快，开花结果时间提前，繁殖能力提高，单株产量提高了 21%。

节水加氧灌溉同样适用于无土栽培。在现代农业的水培生产过程中，增加营养液中水体含氧量，可以使作物蔬菜生长速度得到很大的提高，甚至可以实现提高数倍的目的达到超常规的发育效果。番茄基质通气的研究表明，加气栽培可显著改善番茄根系通气环境，提高植株的净光合速率、根系活力和吸收能力，增加番茄产量。

在 2001 年，美国加利福尼亚州的州立大学弗雷斯诺分校通过实验，研究了通气对地下滴灌的辣椒的影响，并提出了一种新型的灌溉方式，即掺气灌溉。此后不少学者对空气或者氧气注入作物土壤中的灌溉模式进行了研究。众所周知，水分、养分和土壤氧气的浓度是提高作物产量与品质的主要外界因素。

4.2　加氧灌溉技术的类型

目前在设施园艺和旱地滴灌中，已广泛采用的节水加氧灌溉技术主要包括机械加气和化学溶氧两种类型。机械加气是最为常用的节水加氧灌溉方式，即在机械设备的作用下将水体与空气有效接触进而向水体中补充氧气，较为常用的有文丘里空气射流器和气泵等。文丘里空气射流器无须消耗电能，当有压水流通过射流器时自动吸入空气，将水气混合物送入根区；气泵则需要消耗电能向水中充氧。化学溶氧是向灌溉水体中加入化学加氧剂，其遇水后发生化学作用释放氧气，从而提高水体中溶解氧的含量，如过氧化钙、过氧化氢等。这两种方式都能有效地缓解灌溉根系缺氧问题，但也都存在一定缺陷，文丘里空气射流器因过水流速缓慢使得单次曝气水流掺气比例受限，在实际应用中受到限制；化学加氧剂会对植物产生某些不良影响，如过氧化氢对植株有一定的腐蚀性。而传统的充氧方式效率比较低，难以使灌溉水中的溶氧值迅速增加。

4.2.1　土壤改良方法

土壤改良方法主要是通过改善土壤结构和增加土壤孔隙度来提高

土壤的通气性。密实的土壤阻力较大，根系延伸需要消耗更多的能量，因此根系生长对氧气的需求更多（Greenway and Gibbs，2003）。向土壤中施加堆肥和掺入蛭石等碎屑物可以增加孔隙度，以此来提高土壤的透气性。灌溉时适度的灌水量会使更多的氧气扩散到根区。对于自然排水条件较差的土壤，地下滴灌排水系统是一项有效的工程措施（Cannell and Jackson，1981）。

4.2.2　作物改良方法

作物对缺氧的适应在种间和种内存在差异（Gibbs and Greenway，2003；Cherif et al.，1997）。探索物种缺氧适应遗传多样性是提高缺氧土壤生产力的方法之一（Liao and Lin，2001）。相关学者研究了作物受涝后，氧气从枝叶到根、从根到根区的线状损失的解剖学特性（Aguilar et al.，2003）。在水稻中，氧气从通气组织末端扩散到根系，再从根系扩散到枝叶，从而有助于饱和土壤中根系对氧气的需求（Sarkar et al.，2001；Visser et al.，2000）。试验表明，番茄和水稻共同栽培在营养液中，水稻根系释放氧气到溶液中，可以被番茄吸收利用，改善了缺氧环境下番茄的生长（Xu and Adams，1994）。

4.2.3　化学改良方法

化学物质可以改变土壤的结构，提高土壤的通气性和改变排水状况，有利于作物根区空气的扩散。这些化学物质成分包括如聚乙烯类的土壤絮凝化成分，常常为离子胶合体，能改变土壤颗粒的电荷聚集（Brandsma et al.，1999）。其他土壤疏散物质，如盐碱地的石膏、酸壤中的石灰，也可以提高土壤孔隙度（Brady and Weil，1999）。例如，石膏深埋可以提高钠变性土的孔隙度，对棉花产量的提高有轻微的作用（Wild et al.，1992）。美国加利福尼亚州植物研究实验室的研究发现，除了尿素和磷酸钾，过氧化物可以作为氧气来源，此产品已经商业化（Biconet，2005）。相似的氧气释放混合物也可以用作工业改善溶剂（Kao et al.，2001）。其他措施，如施加 CaO 到土壤可以缓解根系缺氧，但收效甚微（Herr et al.，1980）。因为土壤对氧气的需求是大量和持续的，这些化合物只提供土壤需求氧的少部分，而且持续时间较短。

4.2.4　管理改良方法

淹灌和氧气消耗会引起根系伤害，如果在 1d 或 2d 内没有排水，特别对于易受影响的物种，如棉花和番茄，在作物生长的关键时期，根系缺氧会对植物体造成很大的损伤（Thongbai et al.，2001）。严重的缺氧会更快地抑制根系生长（Hodgson and Chan，1982）。棉花和大豆主根缺氧 30min 后会引起植株死亡（Huck，1970）。灌溉制造干湿交替的循环，会提升根区氧气扩散，响应大气和土壤间的氧气气压差值（Taboada，2003）。许多作物对生长期内干湿交替非常敏感，因此该方法的使用受限。在使用这种方法时，为了使大流量的空气进入土壤，需要频繁的干湿交替状况，这可能引起根系伤害和根系疾病（Hiltunen and White，2002），这对极端土壤湿度内的物种生长会产生副作用。

4.2.5　工程改良方法

在土壤中刺穿洞穴的机械方法已经被应用（Kurtz and Kneebone，1980），然而效果不是很显著，由于该方法下的土壤孔隙持续时间不会太长，而且机械操作经常损伤根系，易使作物受到根系疾病的困扰。这种通气方法经常应用于草皮（Huang and Nesmith，1990），目的是通过刺穿土壤剖面或移除小块的土壤核心，增加总孔隙空间（Letey，1961）。这种方法增加了表层密实土壤的通气性，但对经常灌溉引起的较差的土壤通气性的补偿较差。

Boicourt 和 Allen 可能是首次报道利用通气改善根区环境的研究者，他们通过放置在玫瑰种植土床下面的地下滴灌瓦砖和玻璃纤维向土壤中每天通气 1h，使得玫瑰的生长呈现线性增加趋势。同一年，Durell 研究了通气对番茄的影响，他以每株作物 2.5mL/h 的空气流量向营养液中通入空气，指出通气后成熟果实产量增加了 46%。但是若长期使用，这种以高压水作物媒介为根系系统提供氧气的方法的可行性较差。

1970 年，美国首次尝试利用压缩机和穿孔的水龙带将空气注入土壤中（Heuberger et al., 2001）。Daigger 等（1979）和 Busscher（1982）利用相同的方法在大田和盆栽中进行试验，不同深度土壤中的作物（番茄、大豆、马铃薯、胡萝卜）在产量和品质上显现出优势。尽管加氧对作物有益（例如，在土壤含水量达到田间持水量的条件下，每天每小时向粉质黏土以 14kPa 的压力通气使番茄产量翻倍），但对于大田作物，这些措施没有商业化，因为投资较高，且不能使空气均匀地分布在土壤剖面中（Hall, 1983）。尽管安装和调控造价较高，但是草皮和高尔夫产业经常使用这种方法（Walker et al., 2000）。加氧经常通过地下滴灌进行，但是同时注入水和空气会导致土壤的烟囱效应，减少了滴头上方土壤中空气的体积。

4.2.6　气体改良方法

加氧是应用地下滴灌把加氧后的水输送到作物根区的过程。通过灌溉管网把水分输送到作物根区之前，可以向灌溉水中注入空气或过氧化物（如过氧化氢），从而达到增加灌溉水中氧气浓度的目的。在土壤空气被灌溉水取代之前，需加氧为作物根区和土壤微生物提供额外的氧气。在当前的技术条件下，加氧灌溉主要通过将氧气注入灌溉水流，或者在每个灌溉周期结束后通过注入过氧化氢来实现（Huber, 2000）。实践表明，在氧气受限的作物根区环境条件下，加氧有益于作物的生长。在实际操作中，加氧主要通过化学方法和物理方法来实现。化学方法通过注射过氧化氢溶液向灌溉水中加入空气或过氧化物，物理方法是应用文丘里原理使空气"自动"进入灌溉管网，在灌溉管网中形成均匀的小气泡，随水分进入作物根系土壤后气泡破裂，释放出氧气。这两种方法都要避免土壤烟囱效应的影响。

4.2.7　微纳米气泡曝气加氧方法

微纳米气泡曝气技术是世界领先的水处理曝气技术。通常把在发生时直径在数十微米到数百纳米之间的气泡称为微纳米气泡。微纳米气泡具有气液比表面积大、自身带电、自我加压、水中停留时间长、促进生理活性、具有缓释效果等独特特性。利用微纳米气泡快速发生装置对灌溉水体进行曝气，可迅速提高灌溉水体的溶氧值，形成微纳米气泡富氧水用于灌溉。微纳米气泡水不仅能够提供充足的氧气，并且其特有的带电性、氧化性、杀菌性等使其具有特殊的生物生理活性，能促进植物的生长发育。

目前国内外关于微纳米气泡曝气技术加氧灌溉的研究相对较少。关于加氧灌溉对水稻生理特性和后期衰老的影响研究表明，微纳米气泡水（超微细气泡水）加氧灌溉能提高水稻叶片光合能力，延缓生育后期水稻根系和叶片衰老，促进水稻籽粒灌浆结实，明显促进水稻生长并显著提高水稻产量；并且，与传统加氧灌溉水相比，微纳米气泡水溶氧量明显提高而且下降速率慢。与常规水灌溉相比，微纳米气泡加氧灌溉可以减少灌水量、排水量和耗水量，早、晚水稻水分利用效率（耗水量）分别提高 7.78% 和 8.37%。同时，加氧灌溉显著增加了水稻产量。而且加氧灌溉明显提高了双季稻的有效穗数、总粒数及结实率。充氧微纳米气泡水对白萝卜的生长发育及部分品质指标有明显的促进作用，且高溶解氧浓度的促进效果更加突出。

与传统加氧方式相比，微纳米气泡曝气技术可迅速提高灌溉水体的溶氧值，且溶氧值下降速率缓慢，对于灌溉加氧效果明显；微纳米气泡水不仅能够提供充足的氧气，并且其特有的带电性、氧化性、杀菌性等使其具有特殊的生物生理活性，促进植物的生长发育，这都是传统的加氧方式无可比拟的。微纳米气泡曝气技术加氧灌溉更为深入的研究，对实际生产具有重要意义。

4.3　加氧灌溉对作物产量和水分利用效率的影响

与漫灌相比，在轻质壤土条件下，地下滴灌可以以更少的灌水量获得更高的产量（Wuertz，2000），但重黏土条件下并非如此（McHugh，2001）。土壤氧气不足会延长大田作物的生长期。土壤氧气消耗程度因土壤类型、灌溉频率、作物生长阶段和作物生长环境而不同。在相同灌溉水量的条件下，南瓜每日灌溉 3 次比每周灌溉 1 次滴头下方的根系密度更大，产量减少了 30%（Earl and Jury，1977）。生长在重质黏土条件下的作物产量的降低部分归因于灌溉或大雨过后根区氧气的降低。澳大利亚东南区温暖气温下的小麦试验表明，与生长在适宜灌溉条件下相比，生长在由于受淹而引起的土壤缺氧条件下的小麦产量降低了 40%（Meyer et al.，1985）。大田试验表明，与受淹对照相比，生长在红黏土加氧灌溉条件下南瓜的产量增加了 25%。与对照相比，加氧灌溉条件下番茄、大豆和棉花的产量分别增加了 12%、84% 和 21%。与此类似，澳大利亚灌溉技术研究所加氧灌溉条件下甜椒的数量增加了 33%，总鲜重增加了 39%。与不通气相比，德国花椰菜大田试验以 6% 田间持水量的比例利用滴头在土壤孔隙中注入空气，15cm 深处总干物质重和茎粗比例增加（灌溉或降雨后如果水深超过 10mm，以 50kPa 的气压向土壤中注入空气，持续时间为 45min）。在相同的试验中，加氧增加了甜玉米的上市比例，且即使不适合上市，直接用来进行工业加工的比例也有所增加。

尽管与其他灌溉方式相比，地下滴灌条件下水分利用效率有所提高，但加氧灌溉使得水分利用效率更进一步得到提高。限制作物生长的根区缺氧降低了根系捕获水分的能力，使更多的水分因径流、渗漏而损失，降低了水分利用效率。加氧灌溉促进了地下滴灌条件下根系的生长，减少了不必要的深层渗漏。

加氧灌溉条件下，作物生育期水分利用效率（整个生育期内单位灌溉水量取得的产量）显著提高，番茄产量提高了 11%，菜用大豆产量提高了 70%，棉花产量提高了 18%，以其他方式量化的水分利用效率也有所提高。

4.4　加氧灌溉的国内研究现状

在国内，对于加氧灌溉对作物生长发育影响的研究也很多。大量试验表明，加氧灌溉能够改善作物的土壤环境，提高作物的产量与品质（郭超和牛文全，2010；Brotolini，2005）。谢恒星等（2010）对加氧灌溉的温室甜瓜进行了综合的经济效益评价，评价表明，2d 通 1 次气灌溉频率处理的综合效益是最佳的。陈新明等（2010）研究指出，加氧灌溉处理对于作物水分生产率的提高和生物量的增加具有明显效果，并且促进了作物光合作用的进行，提高了果实糖含量。陈洪波等（2009）研究指出，与人工不通气基质相比较，人工通气基质使 CO_2 浓度降低了 48.21%，O_2 的浓度提高了 5.87%。李胜利等（2008）研究了根际通气条件对盆栽黄瓜生长发育的影响。研究表明，与对照组相比，通气处理的根的生物量、根长和根系活力均有明显提高。大量实验表明，调节黄瓜的根际通气状况能够很好地改善黄瓜根系的生长发育（李健吾等，2005）。孙周平等（2008）研究发现，根际通气可降低根际 CO_2 浓度，促进马铃薯生长和产量的提高。赵旭等（2010）提出，加氧栽培可显著改善番茄根系通气环境，提高植株的净光合速率、根系活力和吸收能力，增加了番茄产量。甲宗霞等（2011）研究了根际通气对盆栽番茄生长指标与根系生长，以及水分利用率的影响，结果表明通气处理促进了番茄植株的生长，提高了番茄的根系活力和水分利用率。牛文全和郭超（2010）在 3 个灌溉水平下，研究了根际土壤通透性对盆栽玉米生理指标及水分和养分吸收的影响。结果表明在相同灌水条件下，通气处理促进了玉米株高、叶面积的增长，提高了叶绿素含量，促进了玉米对土壤养分的吸收，显著提高了玉米的根系活力。

土壤容重大时土壤通气孔隙度小，作物根系生长阻力大，将不利于作物的生长（李志洪和王淑华，2000）。根际通气频率、根际通气量对作物生长发育也有很大影响，但是由于实验条件不同，研究的结果也有差异。牛文全和郭超（2010）研究指出，不同根际通气频率对玉米吸收水分和养分的影响比较显著，认为每隔 4d 通一次气能显著增强玉米根系活力，促进根系对水分和养分的吸收。在对甜瓜加氧灌溉的研究中，加氧量系数为 1.0（以孔隙率的 50%为参照标准）处理的甜瓜地上生长状况及干物质量明显优于其他处理（张敏等，2010）。

为解决采用 Mazzei 文丘里射流器加氧比率有限的问题，张振华等（2012）通过对循环曝气地下氧灌系统进行改进，成功研制出水肥气一体化控制灌溉系统，使加氧灌溉的加氧比例大幅提高，为解决滴灌时根际暂时缺氧提供了技术手段。但是，对于不同的文丘里类型、加氧比例条件下灌溉水中氧气的传输、释放特性，以及加氧灌溉对土壤氧气扩散率和土壤导气率的影响是决定根际氧气对植物有效性的关键。同时，不同加氧比例及滴头埋深组合条件下不同土壤-植物系统对加氧灌溉节水增长的根际环境响应机制鲜见报道。加氧灌溉氧气传输规律与土壤氧气与水分关系调控机制，以及加氧灌溉对不同土壤-作物系统节水增产的根际环境作用机理的揭示，可为加氧灌溉在更广范围的土壤-植物系统推广提供科学理论支持与应用基础。

4.5　加氧灌溉的国外研究现状

最先在出版物中提出加氧灌溉（oxygation）的是 2005 年苏宁虎教授应国际农学领域的权威学术期刊 *Advances in Agronomy* 的约稿，撰写的论文 "Oxygation Unlocks Yield Potentials of Crops in Oxygen-limited Soil Environments"（Bhattarai et al., 2005）。加氧灌溉其实是澳大利亚昆士兰中心大学 David Midmore 和库克大学苏宁虎教授共同提出的一项极为节水、节能与利于环境的新技术，在理论上已有重大突破。Silberbush 等（1979）研究表明滴灌作物的根系集中于灌溉土体的外围，试验数据显示在灌溉土体中央部分的氧气扩散率非常低，然而在玉米和棉花的试验中发现，加氧灌溉能有效地改变其根系的分布，使这个区域的灌水达到最优。

国外专家对作物生长的土壤通气性方面的研究，即与加氧灌溉相关方面的研究较多。在 Grable 的报告以及 Cannell 和 Jackson 的早期评论中指出，对土壤通气可能比对改良土壤结构和排水系统效果更佳（Jackson et al., 1992）。Bhattarai 等（2005）发现由于灌溉，根区的一部分氧，尤其是在重黏土中的氧被灌溉水排出，造成根区缺氧，影响根的呼吸和生长。Thongbai 等（2001）的研究发现，不管是哪种形式的传统灌溉，都会降低土壤含氧量，对作物生长造成短暂性到长期性的负面影响。Mc Larenand Cameron 得出土壤含氧量是由土壤的类型和土壤含水量决定的（Makee，1996）。Zobel（1992）的研究发现：从作物的水势角度来说，理想状态的土壤水势应当是接近饱和，但是如果保持低水压状态，尤其是对于黏土来说作物根区的氧气供应达不到最佳状态，很大程度上是由于土壤孔隙被水填充，从而限制了空气的流动。Meek 等发现根的呼吸是根的代谢活动的驱动力，也直接控制地表作物的生长（Bathke et al.，1992）。然而，氧气供应，以确保根系呼吸有足够的氧气，取决于氧气在根域的扩散，而这种供氧过程与盐度、压实和灌溉等有关，实现了在不同土壤类型可获得认可的产量潜力（Jayawardane and Meyer，1985；Hodgson，1982）。Taboada（2003）发现灌溉创造了干湿循环，使大气和土壤之间的压力差异促进了氧气在根区的扩散。但这种方法的使用可能会受到一定的限制，因为对于许多作物来说，它们对水分极限是很敏感的，而在生长季节灌溉会使干湿循环的周期延长。而且空气进入土壤需要频繁地湿润和干燥，还可能引发根部受损和根部疾病。如果作物种类不能很好地适应土壤水分极限，那么对作物的生长来说将会产生消极影响。Bhattarai 和 Midmore（2009）对棉花、黄豆等作物在加氧灌溉情况下能承受的盐碱土做了系统研究。

4.6　加氧灌溉存在的问题及未来发展方向

加氧灌溉需要添加一些基础设施，铺设各种管道和建造加压设备，同时也需要消耗电力和需要人工来管理，还需要增加设备的维护和更换费用，这样增加了生产投入。尽管加氧灌溉的方法可以提高产量和品质，获取更大的经济效益，但是相比之下增加的投入应该小于因为增产增收带来的经济收入，并且所有的新增投入应该在一段时期内收回成本。因此，加氧灌溉多适合于蔬菜、水果、花卉等经济作物，对于一些附加值较低的作物而言不太经济。随着滴灌技术的改进和滴灌系统投资成本的下降，加氧灌溉同样可应用于粮食作物。实际生产中，文丘里空气射流器加氧灌溉管道百米以外的沿程水气均匀性呈下降的趋势，导致田间作物产量不均匀（Torabiet al.，2013；Zhu et al.，2012）。化学加氧技术比较简便，可以快速缓解根区缺氧状况（Rajashekar and Baek，2014）；但是过氧化氢为强氧化剂，施用不当可能伤害作物，改变土壤生物的构成。连续曝气的条件下，水稻的根表面积和氧化强度提高，叶片叶绿素含量减少，干物质量下降；曝气过量也会破坏土壤微生物群落，长远来看，对作物生长不利（Zhao et al.，2012）。

随着加氧技术的日趋成熟，加氧灌溉的推广应用将为水资源短缺和粮食安全保障提供解决方案。未来的研究可以从以下几个方面开展：①构建反映作物水肥高效利用、优质高产的综合性土壤通气性指标，强化加氧灌溉对土壤通气性的改善效应和定量评价方面的研究。②加强土壤水分、氧气和溶质耦合运移规律研究，优化调控土壤碳氮循环转化，提高土壤养分利用效率、降低温室气体的环境足迹。③研发用于地表、畦灌和沟灌等灌溉方式的新型加氧灌溉技术，制定适宜的水肥气一体化灌溉技术参数、灌溉周期、灌溉用量和适宜的土壤氧气浓度。④深化研究水气耦合灌溉下农田环境水分和养分的环境效应。⑤加氧灌溉对土壤生物群落和土壤理化性质长效的作用机制。

第5章　加氧灌溉温室甜瓜节水增产效应研究

西瓜、甜瓜在世界园艺业中始终占有重要地位，西瓜的生产规模仅次于葡萄、香蕉、柑橘和苹果，居第 5 位，而甜瓜则居第 9 位。2005年，中国的西瓜种植面积占世界总面积的 55%以上，总产量占世界总产量的 70%以上；甜瓜种植面积占世界总面积的 40%以上，总产量占世界总产量的 50%以上。2004 年，中国鲜西瓜的出口额超过 600 万美元，约占蔬菜出口总值的 6%。西瓜、甜瓜产业已成为中国一个具有国际竞争力和较大经济增长空间的重要园艺产业。国内市场的西瓜、甜瓜鲜果人均年消费量超过 60kg，是世界平均人年消费量的 2 倍多，占全国城乡 6～8 月夏季上市果品的 60%以上，占春季（4～5 月）上市果品的 1/3 左右。

"十五"期间，西瓜、甜瓜品种资源工作有了新的发展，国家种质资源库中保存的西瓜种质材料超过 1500 份，甜瓜超过 3000 份。有超过50 个西瓜品种通过了国家级农作物品种审定，超过 30 个西瓜、甜瓜品种通过了国家级农作物品种鉴定，超过 100 个西瓜品种通过了超过 10个省、自治区、直辖市的省级品种审定。新的优良品种生产普及率在70%以上。

"十五"期间，中国西瓜生产总面积基本稳定，2001 年约 120 万 hm²，2005 年约 107 万 hm²。从品种上看，无籽西瓜和小果型西瓜的面积有大幅增长，特别是小果型西瓜由 2001 年不到 0.67 万 hm²，在 2005 年已达6.67 万 hm² 以上；从生产结构上看，以塑料大棚、小拱棚、日光温室为主的保护地生产面积在 5 年内翻了一番。目前全国各省、自治区、直辖市都有了西瓜商品生产。面积在 6.67 万 hm² 以上的省、自治区、直辖市超过了 10 个。

"十五"期间，中国甜瓜生产总面积约 53.3 万 hm²。其中 70%以上种植的是薄皮甜瓜及厚、薄皮杂交的中间类型甜瓜。设施栽培面积 2005 年在 6.67 万 hm² 以上。随着适应东部保护地栽培的哈密瓜类型品种的推出和相应栽培技术的完善，哈密瓜类型的甜瓜品种在我国华南、华东等东部经济较发达地区的栽培面积逐步扩大。由于各种设施栽培技术，包括有机基质栽培技术在生产中的推广应用，以日光温室、塑料大棚为主的保护地生产不仅在华北、华东原主产区继续稳步发展，而且在甘肃、新疆、宁夏等西北产区和海南、广西等亚热带地区也有了迅速发展。我国的甜瓜保护地生产正处于新的发展阶段。

西瓜、甜瓜是种植业中帮助农民实现经济增收的重要高效园艺作物。海南、山东、浙江等省大面积种植西瓜每亩平均收入可达 2000～3000 元；新疆等地大面积种植甜瓜每亩平均收入超过 2000 元；部分主产区保护地栽培甜瓜每亩产值在 8000 元以上。同时，西瓜、甜瓜与其他多种作物的复种套种模式进一步扩大了西瓜、甜瓜的生产规模，增加了农民的单位面积生产效益。在原有的麦-瓜、瓜-棉等套种模式基础上，又发展了如华北和东北地区的保护地栽培的瓜-菜套种模式、长江中下游地区的麦-瓜-稻套种模式、新疆产区的瓜-棉套种模式等种植模式，这些都为西瓜、甜瓜生产的持续发展和瓜区农民增收作出了较大的贡献。冬季海南的西瓜不仅是国内果品市场不可缺少的消费品，也因其经济效益显著成为海南省农业的支柱产业。

5.1　加氧灌溉温室甜瓜栽培试验设计

5.1.1　试验地概况

试验于2009年4～7月在西北农林科技大学旱区农业水土工程教育部重点实验室的日光温室内进行。种植前测得土壤有机质、全氮、全磷、全钾含量分别为 15.35g/kg、0.98g/kg、1.40g/kg、20.22g/kg。

5.1.2　试验设计

供试甜瓜品种为'一品天下 208'，复合基质穴盘育苗，4 月 19 日 3 叶 1 心时定植于温室试验地垄上，7 月 1 日收获。单蔓整枝，第 10 节位子蔓留瓜，每株留 1 个，20 节位打顶。

试验采用单因素完全随机区组设计，5 个通气频率水平，即不通气

（T_1）、2 次/d（T_2）、1 次/d（T_3）、1 次/2d（T_4）和 1 次/3d（T_5），3 次重复，4 月 19 日甜瓜幼苗 3 叶 1 心时定植在垄上，7 月 1 日收获。单行栽培，梯形做垄，上底 h_u、下底 h_d、高 h 和长 l 分别为 30cm、60cm、20cm 和 350cm，株距 40cm，垄间距 100cm（图 5-1）。

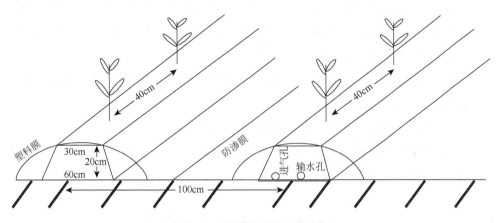

图 5-1　加氧灌溉试验田间布置

为防止水分侧渗，小区之间用深 70cm 的塑料膜间隔。在垄底并行铺设进气管和输水管，输水管为 ϕPE16，埋深为 20cm，两个出水口对称分布，直径 6mm，用 2mm 厚的无纺布包裹，防止堵塞和保证出气均匀。利用空气压缩机向进气管内通气，土壤密度 ρ_s 和容重 ρ_b 分别取其均值 2.65g/cm³ 和 1.397g/cm³，利用公式

$$V = \frac{h_u + h_d}{2} hl \left(1 - \frac{\rho_b}{\rho_s}\right) \qquad (5\text{-}1)$$

可计算出每垄甜瓜每次加气量为 148.942L。加氧在灌溉后进行（Vyrlas and Sakellariou，2005；Bhattarai and Midmore，2004a）。灌水频率设置为 1 次/2d，以放置在温室内的 20cm 蒸发皿阶段累计蒸发量控制灌水量（Zeng et al.，2008；原保忠和康跃虎，2000）。灌水量的计算公式为

$$M = K_p \times E_{pan} \qquad (5\text{-}2)$$

式中，M 为灌水量，mm；K_p 为作物-皿系数，本试验设计中取 1.0（Zeng et al.，2008），即灌水量为阶段蒸发皿累计蒸发量；E_{pan} 为两次灌水间隔内蒸发皿累计蒸发量，mm。

5.1.3　项目观测与方法

1. 土壤性质的测定

土壤温度的测定：采用锦州华天气象仪器制造有限公司生产的 HTRM-I 系列温度测量系统，该系统观测温度范围为$-40\sim+100℃$，分辨率为 0.1℃，观测频率为 1h，即仪器将 1h 的温度进行平均并记录。

2. 根系生长特性的测定

（1）主根长的测定。采用游标卡尺量取，从主根根尖到茎基部的长度即为主根长。

（2）根体积的测定。采用排水法测定。

（3）根系活力的测定。采用 TTC 法测定。

其他项目的观测方法同上。

5.2　加氧灌溉温室地温日变化

日光温室以自然光照为热源，地温也有明显的日变化和季节变化等特点。大量研究表明，在一天中地温最高值和最低值的出现时间随深度而不同。5cm 时地温最高值出现在 13 时，10cm 时地温最高值在 14 时。最低值出现在揭开草苫之后。因此一天中 8 时至 14 时为地温上升阶段；14 时至第二天 8 时为地温下降阶段。晴天，室内平均地温随深度的增加而下降；阴天，地温随深度的下降而上升。如果白天以 14 时地温为代表，夜间以 20 时地温与次日 8 时地温的平均值为代表，则白天地面温度最高，随深度的增加而递减。夜间 10cm 时地温最高，由 10cm 向上、向下递减。

冬季、早春北方广大地区都有不同程度的冻土层，北纬 40°地区冻土层达 1m 厚。在日光温室内，一系列的保温措施，使温度最低时室内外气温差达到 25℃以上，地温可保持 12℃以上，这种现象称为日光温室的热岛效应。就室内的地温分布来看，不论水平分布、垂直分布都有差异。南北方向上的地温梯度明显，以中部地温最高，向南、向北递减，前底脚附近比后屋面下低。东西方向上的地温差异比南北方向上小，主要是靠近山靖处的边界效应及山墙上开门的影响造成的差异，因此温室越长，相对差异越小。

覆膜滴灌虽然提高了土壤温度，抑制了土壤水分蒸发，但同时也限制了土壤与环境的大气交换，从而对根系呼吸和土壤微生物活性产生了一定的障碍（Brzezinska et al.，2001；Jackson，1962）。土壤通气改善了根区环境，土壤温度也会发生一定的变化。通气后典型天气条件下15～20 cm 处地温日变化如图 5-2 和图 5-3 所示。

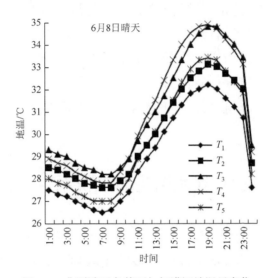

图 5-2　典型晴天条件下加氧灌溉地温日变化

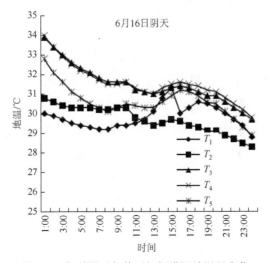

图 5-3　典型阴天条件下加氧灌溉地温日变化

由图 5-2 和图 5-3 可知，晴天条件下不同加氧处理地下滴灌土壤温度变化较为规则，呈正弦曲线趋势。午夜温度较低且变化幅度较小，8：00 左右地温下降到最小值，之后开始上升，19：00 左右达到一天中的最大值，之后开始下降。不同加氧频率处理相比，T_1 处理的地温始终最低，白天 T_4 处理地温最高，T_3 次之，T_5 和 T_2 较为接近。说明在晴天的条件下，通气可以明显提高土壤温度，且 1 次/2d 的通气频率最有利于土壤温度的提高，过高（2 次/d）与过低（1 次/3d）的通气频率均不能使土壤温度达到最大。与晴天相比，阴天的加氧处理土壤温度变化较为无序，除了 T_1 处理的温度在下午有一定程度的升高外，其他加氧处理的温度均有不同程度的下降，这是因为阴天气温较低，为达到热量平衡土壤向外散热。即使是在地温下降的状况下，T_4 处理的地温仍然较高。

5.3　加氧灌溉温室甜瓜根系生长特征

根系生长不仅受到土壤水分的影响，还受到土壤透气性及氧气含量的制约。透气性良好和氧气含量较多的土壤可以及时排除根系呼吸产生的二氧化碳，增强根系活性，促进根系对水分及营养物质的吸收。李天来等（2009）通过人工调节网纹甜瓜根际二氧化碳浓度来研究根际通气状况对根系生长和活力的影响，结果表明，根际二氧化碳浓度的增加对根系生长和根系活力产生明显的抑制作用。另外充足的氧气也可以刺激土壤中的微生物，加速土壤有机质的分解，为植株生长提供必需的营养元素。植物根系是活跃的吸收器官和合成器官，根的生长情况和活力水平直接影响地上部分的营养状况及产量水平。不同加氧频率处理下开花坐果期（5 月 26 日）甜瓜根系生长特性如表 5-1 所示。

表 5-1　开花坐果期甜瓜根系生长特性

处理	主根长/cm	根体积/mL	根鲜重/g	根干重/g	根系活力/[μg/(g·h)]
T_1	26.4cB	27.8cC	30.0cB	2.23cB	42.2cD
T_2	27.4bA	34.9bcBC	35.2bcB	2.8bcB	42.3cCD

续表

处理	主根长/cm	根体积/mL	根鲜重/g	根干重/g	根系活力/[μg/(g·h)]
T_3	27.9abA	41.7bB	40.1bAB	3.3bB	43.5bB
T_4	28.3aA	54.0aA	48.8aA	4.3aA	44.9aA
T_5	27.8abA	39.9bcB	37.8bAB	3.3bB	43.2bBC

注：同列不同大写字母表示差异达极显著水平（$p < 0.01$），不同小写字母表示差异达显著水平（$p < 0.05$），下表同。

由表 5-1 可知，与常规地下滴灌相比，加氧处理显著增加了温室甜瓜主根长。在加氧处理中，T_4 处理与 T_2 处理的主根长差异显著，且 T_4 处理的主根长数值最大，达到 28.3cm，分别比常规地下滴灌 T_1 和加氧 T_2 处理的主根长增加了 7.197% 和 3.285%。T_3、T_5 和 T_2 处理间主根长差异不显著。加氧处理为根系生长提供了良好的透气环境，促使根系向土壤更深处延伸，可以更好地吸收深层的水分和养分。

根干重、根鲜重和根体积具有相似的变化规律，即加氧处理除 T_2 处理外，其他加氧处理的根系特征显著高于普通地下滴灌处理。加氧处理之间，T_4 处理的根系特征显著高于其他加氧处理，其他加氧处理之间根系特征差异不显著。过频的加氧方式（2 次/d）会降低土壤的温度和土壤二氧化碳的含量，而根系的生长需要一定的温度支持，同时适量的土壤二氧化碳含量会刺激根系和土壤微生物活性，有利于根系的生长，同时过频的加氧也会减少土壤孔隙中水分的含量，从而不利于根系的发育。T_4 处理最有利于根系有机质的积累和根系的延伸。

从根系活力来看，除 T_2 处理外，与普通地下滴灌相比，加氧处理会显著提升根系，且加氧处理间 T_4 处理与其他加氧处理间存在显著差异，T_3 与 T_5 间不存在差异，但二者与 T_2 处理的差异达显著水平。与普通地下滴灌相比，T_4、T_3 和 T_5 处理的根系活力分别提高了 6.398%、3.081% 和 2.370%。

5.4　加氧灌溉温室甜瓜光合特性

光合作用（photosynthesis），即光能合成作用，是指含有叶绿体的绿色植物和某些细菌，在可见光的照射下，经过光反应和碳反应（旧称暗反应），利用光合色素，将二氧化碳（或硫化氢）和水转化为有机物，并释放出氧气（或氢气）的生化过程。同时也有将光能转变为有机物中化学能的能量转化过程。

光照、CO_2、温度、矿质元素和水分是影响植物光合作用的主要因素。光合作用是一个光生物化学反应，因此光合速率随着光照强度的增加而加快。但超过一定范围之后，光合速率的增加变慢，直到不再增加。光合速率可以用 CO_2 的吸收量来表示，CO_2 的吸收量越大，表示光合速率越快。CO_2 是绿色植物光合作用的原料，其浓度的高低影响了光合作用暗反应的进行。在一定范围内提高 CO_2 的浓度能加快光合作用的速率，CO_2 浓度达到一定值后光合作用速率不再增加，这是因为光反应的产物有限。温度对光合作用的影响较为复杂。光合作用包括光反应和暗反应两个部分，光反应主要涉及光物理和光化学反应过程，尤其是与光有直接关系的步骤，不包括酶促反应，因此光反应部分受温度的影响小，甚至不受温度影响；而暗反应是一系列酶促反应，明显地受温度变化的影响和制约。

当温度高于光合作用的最适温度（约 25℃）时，光合速率明显地随温度上升而下降，这是由于高温引起催化暗反应的有关酶钝化、变性甚至遭到破坏，同时高温还会导致叶绿体结构发生变化和受损；高温加剧植物的呼吸作用，而且使二氧化碳溶解度的下降超过氧溶解度的下降，结果利于光呼吸而不利于光合作用；在高温下，叶片的蒸腾速率增高，叶片失水严重，造成气孔关闭，使二氧化碳供应不足，这些因素的共同作用，必然导致光合速率急剧下降。当温度上升到热限温度，净光合速率便降为零，如果温度继续上升，叶片会因严重失水而萎蔫，甚至干枯死亡。

矿质元素直接或间接影响光合作用。例如，N 是构成叶绿素、酶、ATP 等化合物的元素，P 是构成 ATP 的元素，Mg 是构成叶绿素的元素。水分既是光合作用的原料之一，又可影响叶片气孔的开闭，间接影响 CO_2 的吸收。缺乏水时会使光合速率下降。

加氧处理改善了根区环境，促进了根系呼吸和土壤微生物的活性，有利于根系更好地吸收水分和营养物质，从而为叶片提供更为充足的光合原料（Bhattarai and Midmore，2004）。孙周平等（2008）对马铃薯叶片光合指标的研究表明，良好的根际通气条件可以提高净光合速率、气

孔导度和胞间 CO_2 浓度。在甜瓜开花坐果期（5 月 23 日），不同加氧频率处理的温室甜瓜光合特性如图 5-4 所示。

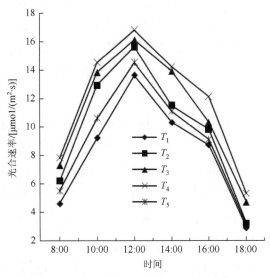

图 5-4　加氧灌溉温室甜瓜光合日变化

由图 5-4 可知，不同通气频率处理条件下的温室甜瓜光合速率的日变化均表现为早晚低、中午高的趋势。1d 内不同时刻的光合速率 T_4 最大，T_3 次之，T_1 最小。同一时刻内的光合速率相比，不同通气频率处理早晨和中午的差别较大，下午的差别较小。说明根区的氧气状况影响到了叶片的功能，与晴天土壤温度的日变化相对应，土壤温度较高的加氧处理植株叶片的光合速率也较大，不通气处理的甜瓜植株根系不能及时得到呼吸所需要的氧气，根系活性受到抑制，叶片光合所需要的重要原料——水，得不到及时的补充，从而降低了光合作用。

5.5　加氧灌溉温室甜瓜品质特征

评定果实内在品质的主要指标为硬度、含糖量、含酸量、维生素 C 含量、氨基酸种类及含量等。对果实硬度的测定一般采用硬度计法，我国现在常用的是 HP-30 型果实硬度计和 GY-1 型果实硬度计。近年来，许多发达国家对水果坚实度进行了广泛的研究，以探索坚实度检测的新方法。McGlone 和 Jordan（2000）用激光气喷法（the laser air-puff method）对猕猴桃果实和杏果实的硬度进行了非破坏性测定。其原理为：传递一股强的细气流至静置果面，用激光仪作为传感器（laser displace sensor）感受果面的变形，结果证明这种方法只适于果面粗糙的果实且量程较小。Tu 等（2000）用激光影像分析法（laser image analysis）对苹果果实硬度进行了测定。焦群英和王书茂（1999）报道了两种基于动力学原理的水果坚实度检测方法，即冲击力检测法和振动频率分析法。

　　对果实内糖、酸的测定，有常规化学分析及高效色谱法等。金同铭和崔洪冒（1997）探讨了用近红外光谱法非破坏检测苹果中糖、酸等 4 种组分的可行性，结果表明，近红外光谱法在实际应用中可满足完整苹果中糖、酸含量的测定精度。测定果汁中有效维生素 C 的方法有荧光测定法、邻苯二胺缩合物极谱法。对维生素 C 的测定，常用的方法有 2, 6-二氯酚靛酚法、碘量法、示波极谱法等；用于测定总维生素 C 的方法有 2, 4-二硝基苯肼法。丁平海等（1992）利用高价铁还原法以分光光度计对维生素 C 进行了间接测定，结果表明，采用该法测定果实中维生素 C 的含量，具有快速、方便、干扰少等优点。氨基酸的测定一般采用氨基酸分析仪法（丁平海等，1992）。除一些常规的方法外，有人探索了新的果实品质的测定方法。姚建明和徐艳芳（1996）以香蕉为样品，通过对果品迟后光的研究表明，迟后光强度与诸多因素有关，在一定条件下，排除外界因素的影响，迟后光强度可表征水果的成熟度、含糖量、内伤等的情况。Guthrie 和 Walsh（1997）用近红外光谱法（near infra-red spectroscopy）对 1 个苹果品种和 1 个芒果品种果实进行了果实品质的无损伤测定。

　　果实品质的形成和调控，已成为果树学研究的一个重要领域。果实品质包括外观品质、内在品质、储藏品质和加工品质。果实内在品质是果实商品性优劣的重要标志，包括体现果品营养价值的一些生化属性，如果实中碳水化合物、蛋白质、脂肪、维生素、矿物质等；也包括体现果实风味的风味物质，如有机酸、苦杏仁苷、苎烯、单宁、香油精等。

　　果实中主要含有的葡萄糖、果糖和蔗糖，总称为可溶性糖，其中葡萄糖和果糖又称为还原糖。在一些干果如板栗、柿子等果实内，含有大量的淀粉。由于各种果实含糖量、含糖种类及比例不同，果实甜味千差万别。

果实在生长发育过程中，糖分的积累来源于绿色组织的光合作用。植物叶片产生的光合同化产物很大部分最终以蔗糖或山梨醇的形式，经韧皮部长途运输后，卸载到发育过程中的果实内，进入果实的过程中或之后，在有关酶的作用下，进行一系列的代谢及跨膜运输，最终以原形式（蔗糖/山梨醇）或更多地以其他形式（淀粉、果糖和葡萄糖）积累在果实中，产生不同的风味（吕英民和张大鹏，2000）。在果实发育初期，其本身含叶绿素，可进行光合作用，在果实发育过程中，从枝梢或根部向果实运输的糖分、淀粉及有机酸，也会转化为可溶性糖。

邓月娥等（1998）研究了桃果实糖分的变化，结果显示还原糖和非还原糖的变化都有一个大致相同的趋势，即开始发育时含量较高，果实快速生长发育期有较大幅度下降，之后随果实生长速度的放慢，两种糖的含量又有所上升，并且认为这与水分的吸胀有关。金锡凤（1993）对桃果实发育的研究认为，糖类在前期以果糖和葡萄糖为主，占可溶性糖的 90%以上，后期蔗糖急剧增加，成熟时蔗糖达到可溶性总糖的 80%以上。仓晶等（2001）对狗枣猕猴桃的研究表明，可溶性糖及总糖含量总体上表现为增加，并与果实生长基本保持相同趋势。杨咏丽等（1994）对黑穗醋栗果实的研究表明，果实内总糖含量随果实成熟逐渐增加，果实成熟后略有减少，总糖中以果糖和葡萄糖为主。Hilaire 等（2000）认为，糖含量的变化与当年的气候条件、品种和采用的生产技术有关，同一树种不同果实个体间的含糖量变化不一，这主要是花芽分化、花芽的位置及其他因素造成的。

影响果实含糖量的因素很多，人们试图用施肥、施用生长调节剂、修剪等方法提高果实品质，促进果实糖分的积累（Zhou et al.，2000；Marini，1999；Pawel，1999）。

果实内含有的有机酸主要是苹果酸、柠檬酸和酒石酸等。由于果实内糖酸的种类和数量及二者比值的不同，各种果实的风味不同。果实内酸类物质多为呼吸产物，也可由蛋白质或氨基酸分解形成（苗平生和毕敏，1999）。

在不同果实或不同时期的同种果实内，含酸量是不同的。于希志等

（1992）分析测定了核果类桃、杏、李、樱桃 4 个属的 9 种果树成熟果实的有机养分含量，认为杏梅、杏、酸樱桃和毛樱桃的含酸量最高，而桃、中国樱桃、欧洲甜樱桃含酸量较低。邓月娥等（1998）的研究认为，桃的有机酸含量变化为：果实发育初期最高，后迅速降至低谷，稍有增加后再降低，至成熟时最低。黑穗醋栗果实中有机酸的相对含量，随果实的生长发育不断增加，至成熟时未见减少（杨咏丽等，1994）。甜樱桃品种黄玉的有机酸含量随果实生长呈上升趋势，转色期（半熟）后又迅速下降（徐晖等，1992）。总的来说，果实内有机酸的形成变化过程为前期变化有增有减，但成熟时都有减少的趋势。苗平生和毕敏（1999）认为，成熟时果实内酸减少的原因有两个：一是酸作为呼吸基质氧化分解；二是有的游离酸变成盐类。

影响果实含酸量的因素主要有温度、光照及矿物营养等。谢永红等（1992）的研究表明，果实内酸含量与果皮、囊壁中钙的含量呈显著负相关。刘运武（1998）认为对温州蜜柑施氮后，柑橘果实总酸量与施氮量呈极显著负相关。张光伦（1994）在苹果、葡萄、柿子、菠萝、温州蜜柑、酸樱桃等多种果树上的研究表明，热量较高地区比热量较低地区果实含酸量低。张春胜等（1992）研究表明，在 100kg 苲梨施纯氮 0～1.0kg 范围内，随氮肥用量的增加，苲梨果实酸度降低，当施氮量达1.25kg 后，则酸度加大。

果实内的蛋白质含量一般很少，这些蛋白质主要是作为原生质的成分，而不是作为储藏物质存在的，故从营养方面研究蛋白质的报道很少。

果实内所含的氨基酸主要是天冬氨酸、天冬酰胺、谷氨酸、精氨酸、丝氨酸等。何云核和丁佐龙（1992）的研究表明，胡颓子果实中含 16 种氨基酸，且主要为天冬氨酸。对黑穗醋栗果实的分析表明，其果实中含有 17 种游离氨基酸，在其成熟过程中，以谷氨酸为主，约占成熟时总量的 30%，其次是丙氨酸和天冬氨酸，且有些种类的氨基酸在果实成熟时消失（杨咏丽等，1994）。狗枣猕猴桃成熟果实中，氨基酸的种类比较齐全，约有 20 种，其中有 8 种人体必需的氨基酸，并有较高含量的 γ-氨基丁酸（仓晶等，2001）。王圣梅等（1995）对 10 个品种的猕猴桃果实氨基酸含量研究表明，猕猴桃果实所含氨基酸种类以谷氨酸最多。邓月娥等（1998）的研究表明，桃果实在生长发育过程中，桃可食部分游离氨基酸及蛋白质含量呈高度相同的变化趋势，两者均在坐果10d 时最高，之后降低，以后随着果实的发育，游离氨基酸及蛋白质含量又有所回升，果实近成熟时，含量开始下降，果实完全成熟时，达到最低点。

果实中氨基酸的含量和种类，与树种及果实成熟度、品种、海拔、纬度、杂交组合、管理等因素有关（王圣梅等，1995；顾曼如等，1992）。顾曼如等（1992）认为，果实中氨基酸总量与果实内氮含量及果园肥水管理水平有关。一般含氮高的、肥水管理好的果园，氨基酸含量较高。同一品种栽培在不同海拔和纬度，果实氨基酸含量存在差异，高海拔地区栽培的猕猴桃较低海拔地区果实中氨基酸含量高；纬度上升也可以提高果实中氨基酸的含量；并且在氨基酸含量上，猕猴桃果实表现出较强的杂种优势（王圣梅等，1995）。

果实内主要含维生素 C、胡萝卜素、硫胺素、核黄素、烟酸、泛酸、生物素等维生素。一般人们最关注的是果实内维生素 C 的含量，因为果实是人类营养必需的抗坏血酸的主要来源。

维生素 C 是抗坏血酸和脱氢抗坏血酸的泛称。脱氢抗坏血酸在果实中一般含量很少，作为抗氧化剂只有抗坏血酸有效。树种不同，果实内维生素 C 的含量差异很大，一般青枣、猕猴桃果实内维生素 C 含量较高，在 100mg/100g 鲜重以上。有的果实维生素 C 含量很高，金虎尾果实内维生素 C 含量可达 2164mg/100g 鲜重（Vendramini and Trugo，2000），胡颓子果浆含有维生素 C 达 2657.50mg/100g 鲜重（何云核和丁佐龙，1992）。苹果、梨、柑橘等的果实含维生素 C 较少。

植物体内生物合成抗坏血酸的机制至今未完全阐明，一般认为糖是合成维生素 C 的初生物质，在一系列氧化酶（细胞色素氧化酶等）的参与下，不断被合成维生素 C。

对果实内维生素 C 的变化，许晖等（1992）的研究表明，甜樱桃果实维生素 C 的含量在幼果期较高，以后随果实的生长发育，维生素 C 含量迅速降低，从硬核期以后直至成熟，又略有上升。对狗枣猕猴桃的研究表明，在狗枣猕猴桃果实发育前期，维生素含量较高，生长中期维生素含量开始下降，果实近成熟时，维生素含量再度回升（仓晶等，2001）。周汉其和张菊芳（1994）研究认为，中华猕猴桃果实在幼果期维生素含量迅速上升，生长中期含量较高，而后缓慢地下降，在接近成熟时渐趋稳定。

Crisosto 等（2000）认为，喷 NAA、GA$_3$ 可提高毛叶枣（*Zizyphus mauritiana* Lam.）的维生素 C 含量；Sonali 等（1999）的研究表明，修剪也可以提高果实维生素 C 的含量。

果树果实内矿质元素的含量并不多，但它们对果实品质的影响是不可忽视的。磷是细胞分裂中合成 DNA 必需的成分之一，缺磷的果实细胞数目减少，生长受影响。苹果缺钙易发生苦痘病、烂果病。植物缺锌会引起光合反应能力下降，从而影响果实发育。

关于果实对钙的吸收与运输，张新生等（1994）报道钙随蒸腾液流由木质部到达果实，并且变得相对稳定，几乎不发生再分配与运输。一般认为，钙可以抑制果实的呼吸作用，抑制果实衰老且对果实细胞膜的功能有重要作用。

越来越多的研究表明，硒是人类必需的微量元素。在果树生产上，富硒果的生产越来越受到人们的重视。植物吸收的硒来源于土壤和大气，土壤中的硒是植物硒的主要来源（吴军等，1999）。呼世斌等（1998）对"秦冠"苹果采用不同浓度的硒溶液进行了花期喷肥、树干注射和土壤施加 3 种处理，研究了苹果树对硒的吸收，找到了生产富硒苹果的有效方法。

锌也是对人体有益的元素。在果树果实上对锌的研究很少。赵同科（1996）认为，锌在植物体内的运输主要是通过蒸腾拉力和根压的作用沿木质部运输，花和果实正在发育的组织含锌量常常高于成熟组织。有试验证明，对树体喷施 ZnSO$_4$ 可显著提高果肉中锌的含量（Bahadur et al.，1998）。

不同的果树，其果实的质地不同。浆果和柑橘的果肉柔软多汁，苹果、梨等则质地较硬。决定果实硬度的主要因素是细胞间的结合力、细胞构成物质的机械强度和细胞膨压。影响果实硬度的内含物，主要有果实内的原果胶、细胞壁中的纤维素，以及细胞壁中木质素和其他多糖类物质。

人们对果实硬度的研究较少。刘金铜等（1998）对丘陵山地元帅系苹果与气候条件的关系进行了研究，结果表明，气温升高，降水量增加，果实硬度下降。徐胜利等（2000）的研究表明，红富士苹果果实硬度与上中下三层的光照分布呈正相关。顾曼如等（1992）的研究表明，苹果内的营养元素锌、氮、锰对果实硬度的影响最大。王仁才等（2000）的研究认为，钙处理对猕猴桃果实硬度有较明显的影响。植物激素 CPPU 也能增加苹果、猕猴桃的果肉硬度（王央杰和李三玉，1994）。

作物根区环境的改善有效地提升了根系的功能，可以促使根系更迅速地向植株地上部分提供水分及营养物质，而充足的水分和营养供应促进了作物枝叶的发育及光合积累，从而对果实品质产生有益的影响。不同加氧频率处理条件下温室甜瓜果实品质特征如表 5-2 所示。

表 5-2　加氧处理下温室甜瓜品质特征

处理	可溶性固形物含量 /(g/kg)	可溶性总糖含量 /(g/kg)	可溶性蛋白含量 /(mg/g)	维生素 C 含量 /(mg/kg)	有机酸含量/(μg/g)
T_1	121.50cC	76.20cC	0.87bA	41.31cC	0.22dB
T_2	146.50bB	85.80bB	0.96bA	48.86bB	0.23cAB
T_3	156.00aAB	91.50abAB	1.07abA	49.82bAB	0.26bcAB
T_4	165.00aA	96.08aA	1.22aA	59.03aA	0.36aA
T_5	158.50aA	87.30bAB	1.17abA	57.85bAB	0.28abA

由表 5-2 可知，加氧处理不同程度地提高了温室甜瓜果实中可溶性固形物、可溶性总糖、可溶性蛋白、维生素 C 和有机酸的含量。其中与常规地下滴灌相比，加氧处理的果实中可溶性固形物、可溶性总糖、维生素 C 和有机酸的含量差异显著。T_1 和 T_2 处理果实中可溶性蛋白的含量较为接近，分别为 0.87mg/g 和 0.96mg/g，二者之间的差异不显著，但均显著低于 T_4 处理。相对于 T_1 和 T_2 处理，T_4 处理的可溶性蛋白的含量分别增加了 40.229% 和 27.083%。不同加氧频率处理相比，T_4 处理的维生素 C 含量与其他加氧处理的差异显著，与 T_2、T_3 和 T_5 相比，T_4 处理的维生素 C 含量分别增加了 20.815%、18.487% 和 2.009%。T_4 与 T_2

和 T_3 处理的有机酸含量差异显著，相对于 T_2 和 T_3 处理，T_4 处理的有机酸含量分别增加了 56.522% 和 38.462%。T_4 处理有利于果实中可溶性总糖、维生素 C 和有机酸的提高，因此 T_4 处理即 1 次/2d 的加氧频率有利于果实品质的提高。

5.6　加氧灌溉温室甜瓜产量及水分利用效率

以往农业灌溉多从满足作物的生物学需水以夺取高产的角度来确定灌溉定额，对于如何使有限的水分取得最好的生产效益研究不足。面对水资源日益紧张的严峻形势，如何用好有限的水资源，开展农业用水有效性的研究，已经成为节水农业共同关注的焦点问题。水分利用效率（water use efficiency，WUE）是节水农业研究的最终目标，高水平的WUE 是缺水条件下农业得以持续稳定发展的关键所在。各种节水技术、节水措施的应用，归根结底是为了提高水分利用效率，因此，WUE 被公认为是节水农业的重要指标，它包括灌溉水利用率、降雨利用率和作物水分利用效率等三个方面。

WUE 在水文学上和作物生理学上有不同的含义（Stanhill，1986）。

在水文学上，WUE 包括以下三个方面的内容：①在纯水文学上，WUE 被定义为研究区域生产性的耗水（包括蒸腾，某些情况下也包括蒸发），与潜在可用水量（包括通过降水和灌溉到达作物生长区的水量加上土壤可用水量）之比。②对于灌溉研究而言，可将 WUE 定义为灌溉后根系带含水量的增加占灌溉区供水总量的比例。③总的灌溉效率是由输水效率、农渠利用效率和田间利用效率三部分组成的。实际上，水文学意义上的 WUE 是灌溉工程与技术范畴节水的最终目标，包含渠道水利用率、渠系水利用率、田间水利用率和灌溉水利用率等项目。其中包括区域水平衡、农田水分再分配、引水工程及水的调配、渠道防渗、输水工程及灌溉新技术等方面的研究内容。作物水分利用效率的水文学研究是灌溉、水土保持等工程技术人员所关注的领域，而生理学家、农学和气象学的研究工作者所关注的是 WUE 生理学上的概念、意义与研究。

生理学上的水分利用效率实际上是作物的用水效率，是衡量作物产量与用水量关系的一种指标。通常用耗水系数和水分利用效率来表征。耗水系数（K_w）是作物每生产单位产量所消耗的水量，常以产量的倍数表示用水量，耗水系数越大，用水效率越低。20 世纪 70 年代以后，学术界多采用水分利用效率，它是消耗单位水量所生产的单位面积产量，能直观地比较不同作物或同一作物不同条件下的用水效率。

对应于产量的三个层次（叶片光合产物、群体光合及作物产量），王天铎（1991）将水分利用效率分为三个层次来考虑，即光合器官进行光合作用时的水分利用效率（即光合、蒸腾之比），群体水平上的 WUE 和产量水平上的 WUE。

邱承剑（2008）曾对利于改善根区环境的水气平衡栽培法进行了相关的研究，结果表明，通气状况良好的水气平衡栽培法可以增加水稻的有效分蘖，显著提高产量。大田大豆、鹰嘴豆和南瓜的加氧灌溉试验表明，由于加氧处理缓解了氧气不足对根系的抑制，滴头不同埋深处理的作物产量均得到不同程度的增加（Bhattarai et al.，2008）。甜椒试验表明，加氧与不加氧处理的甜椒平均单果重分别为 103.7g 和 99.4g，与不加氧处理相比，产量可以提高 4.326%，加氧处理增产效果显著（Goorahoo et al.，2002）。温室甜瓜不同加氧频率处理条件下甜瓜果实的产量及水分利用效率如表 5-3 所示。

表 5-3　加氧处理下温室甜瓜产量及水分利用效率

处理	单果重/g	产量/（t/km²）	耗水量/mm	水分利用效率/[t/（km²·mm）]
T_1	769.2cC	22.0	179.6	0.122
T_2	987.2bBC	28.2	181.4	0.155
T_3	1157.5abAB	33.1	187.3	0.177
T_4	1275.8aA	36.6	187.5	0.195
T_5	1178.0aAB	33.6	179.4	0.187

由表 5-3 可知，不同加氧频率处理的单果重均显著高于普通地下滴灌处理，加氧灌溉对提高温室甜瓜单果重效果显著。在灌水量相同的条件下，与 T_1 相比，T_2、T_3、T_4 和 T_5 处理的产量分别提高了 28.182%、

50.455%、66.364%和 52.727%，其中 T_4 处理的增产效果最显著。不同加氧处理的水分利用效率相对于 T_1 也有不同程度的提高，T_2、T_3、T_4 和 T_5 处理的水分利用效率分别提高了 27.1%、45.1%、59.8%和 53.3%，T_4 处理的节水效果最佳，因此 1 次/2d 的加氧频率有利于产量和水分利用效率的提高。

5.7 加氧灌溉温室甜瓜光能利用率

光能利用率（utilization ration of sunlight energy）是表征植物固定太阳能效率的指标，指植物通过光合作用将所截获吸收的能量转化为有机干物质（organic dry matter）的效率（赵育民等，2007）。光能利用率可以按时间段、辐射光光质、经济作物产量和表观量子效率等划分为多种类型（陈志银和范兴海，2000）。本书以单位面积上作物产量燃烧放出的热能与作物生长期接受的太阳总辐射（solar radiation）或光合有效辐射（photosynthetically active radiation，PAR）的比值来表示太阳辐射能的利用效率，即

$$p'_s = \frac{h \cdot M}{\sum \text{PAR}} \times 100\% \tag{5-3}$$

或

$$p_s = \frac{h \cdot M}{\sum (S' + D)} \times 100\% \tag{5-4}$$

式中，p_s 为作物的太阳总辐射利用率；p'_s 为作物的光合有效辐射利用率；S 为太阳直接辐射，MJ/m^2；D 为散射辐射，MJ/m^2；h 为每克干物质燃烧所产生的热量，取 17.375MJ/g；M 为生物学产量，g；PAR 为光合有效辐射，MJ/m^2。

在水、热、气和营养供给充足的条件下，光合有效辐射利用率可以达到理论上的最大值，即 10%。根据自动气象站的观察，加氧灌溉试验期间温室内光合有效辐射总和为 341.850MJ/m^2，根据式（5-3）得到不同通气频率处理条件下温室甜瓜的光合有效辐射利用率如表 5-4 所示。

表 5-4　加氧处理下温室甜瓜光合有效辐射利用率　　　（单位：%）

参数	T_1	T_2	T_3	T_4	T_5
光合有效辐射利用率	6.283	6.844	7.621	8.083	7.883
相对于对照提高百分率	0	8.929	21.296	28.649	25.466

由表 5-4 可知，加氧处理不同程度地提高了光合有效辐射利用率，与对照相比，T_2、T_3、T_4 和 T_5 处理分别提高了 8.929%、21.296%、28.649% 和 25.466%，其中 T4 处理的提高最显著，这说明加氧处理条件下的温室甜瓜冠层可以更多地截获光合有效辐射量，以加速叶片的光合过程，为植株生长和果实发育提供更多的物质积累。

第6章　加氧灌溉温室西瓜节水增产效应研究

　　我国设施园艺历史发展悠久,随着社会生产力的发展和多种设施农作物规模不断扩大,产量不断提高,其中西瓜生产规模仅次于葡萄、香蕉、柑橘和苹果居第5位,西瓜产业已成为中国一个具有国际竞争力和较大经济增长空间的重要的园艺产业。从品种上看,无籽西瓜和小果型西瓜的种植面积有大幅增长的趋势,特别是小型西瓜因其重量轻、携带方便、外形美观而备受消费者喜爱,逐渐成为节日馈赠的佳品(崔健等,2008)。据资料统计,西瓜的种植面积在2001年还不到0.67万km^2,到2005年已在6.67万km^2以上。从生产结构上来看,以塑料大棚、小拱棚、日光温室为主的保护地生产面积在5年内翻了一番(刘君璞等,2006)。近几年来,我国西瓜种植的面积不断扩大,市场也越来越广,品质也在不断地改善,在设施农业发展中占有重要地位。截至2000年,我国以蔬菜栽培为主体的设施园艺面积已达210km^2,按绝对面积计算为世界第一。设施园艺的发展基本上解决了我国长期以来蔬菜供应不足的问题,并实现了周年均衡供应,达到了淡季不淡、周年有余的要求(叶全宝等,2004)。蔬菜市场也在稳定快速地发展。然而,市场上商品瓜的品质问题依旧是阻碍西瓜产业良性发展的主要障碍,随着生活水平的提高,人们对瓜果品质的需求也日益提高。通过转基因育种、增加水肥等生产的投入、调亏灌溉(郑健等,2009;柴红敏等,2008;彭致功等,2005)等方式来改变西瓜品质、提高产量的研究,已经取得了重大突破。

　　设施农业的一个主要特点是:设施区域内由于封闭,其内的土壤耕层无法直接利用天然降水,而主要依靠人为灌溉来给作物补充水分。在温室大棚等大型保护设施内实现周年生产的栽培制度下,如果依旧采用传统经验灌水方法,又得不到天然水的补给,灌溉水量就会明显比露地同类作物要大(李援农等,2000),而且还可能造成水资源浪费。因此设施农业需要新型节水灌溉方法来进行灌溉。随着生产力的发展和灌溉技术的不断改进,微灌、膜下滴灌(张辉等,2006)等新型节水灌溉方法"日新月异",新型高效节水技术——地下滴灌也随之出现,并充分显示了它的优越性。

6.1　加氧灌溉温室西瓜栽培试验设计

6.1.1　试验地概况

试验于 2010 年 4～7 月在西北农林科技大学旱区农业水土工程教育部重点实验室的日光温室内进行。实验室位于东经 108°04′,北纬 34°20′,所处地理位置属半干旱偏湿润区,年均日照时数 2163.8h,无霜期 210d。温室结构为房脊型,长 36m,宽 10.3m,高 4m,地下水埋深在 150m 以上。内设有自动气象观测站,可对温室内的常规气象资料进行监测。盆栽试验用土取自实验站耕地内表层 20cm 的土壤,土壤为娄土,基本肥力状况:有机质含量 9.51g/kg、全氮含量 0.98g/kg、速效磷含量 26.30mg/kg;小区试验区土壤也为娄土,种植前测得土壤有机质、全氮、全磷和全钾含量分别为 1.835g/kg、0.976g/kg、1.397g/kg 和 20.224g/kg。

6.1.2　试验设计

温室小区试验采用文丘里加氧设备的加氧灌溉模式。采用一天时间内蒸发皿的水面蒸发量控制灌溉。试验西瓜采用营养钵育苗,4 月 26 日 3 叶 1 心至 4 叶 1 心时移栽,移栽时按 20cm 土壤计划湿润层达到 90% 田间持水量统一灌水。2010 年 7 月 4 试验结束。种植规格:以单垄为一个小区,小区间距 70cm,小区面积为 0.5m×4m,每区种植西瓜 10 株,株距 40cm。移栽后每垄铺设一条滴灌带并覆膜,滴灌带滴孔间距 40cm,滴孔统一安置距植株 5cm。每处理三次重复。试验设计三个不同加氧频率(1 次/d、1 次/2d、1 次/4d)和两个不同的灌水水平(1.0E$_P$、1.25E$_P$)。

试验设计方案如表 6-1 所示。

表 6-1 温室西瓜加氧灌溉试验设计

处理	加氧频率	苗期	开花坐果期	果实膨大期	成熟期
CK	不加氧	$1.0E_P$	$1.0E_P$	$1.0E_P$	$1.0E_P$
T_1	1 次/d	$1.0E_P$	$1.0E_P$	$1.0E_P$	$1.0E_P$
T_2	1 次/2d	$1.0E_P$	$1.0E_P$	$1.0E_P$	$1.0E_P$
T_3	1 次/4d	$1.0E_P$	$1.0E_P$	$1.0E_P$	$1.0E_P$
T_4	1 次/d	$1.25E_P$	$1.25E_P$	$1.25E_P$	$1.25E_P$
T_5	1 次/2d	$1.25E_P$	$1.25E_P$	$1.25E_P$	$1.25E_P$
T_6	1 次/4d	$1.25E_P$	$1.25E_P$	$1.25E_P$	$1.25E_P$
T_7	1 次/d	$1.0E_P$	$1.0E_P$	$1.0E_P$	$1.0E_P$
T_8	1 次/2d	$1.0E_P$	$1.0E_P$	$1.0E_P$	$1.0E_P$
T_9	1 次/4d	$1.0E_P$	$1.0E_P$	$1.0E_P$	$1.0E_P$

西瓜各个生育期的划分标准如表 6-2 所示。

表 6-2 西瓜各生育阶段及形态指标

阶段	播种期	幼苗期	伸蔓期	开花坐果期	膨大期	成熟期
植株形态指标	播种至出苗前	出苗至3叶1心	3叶1心至留瓜节位雌花开放	留瓜节位雌花开放至子房开始膨大	子房开始膨大至果实膨大结束	果实膨大结束至收获

各处理每次灌溉水量由式（6-1）计算：

$$I = A \times E_{pan} \times K_{cp} \qquad (6-1)$$

式中，I 为每次各处理相应的灌水量，mL；A 为小区面积，m^2；E_{pan} 为累计 1 天 8:00 E_{20} 蒸发量值，mm；K_{cp} 为采用的不同作物-皿系数值。

6.1.3 项目观测与方法

1. 土壤物理性质的测定

（1）土壤初始含水量的测定。用铝盒烘干称量法测定。

（2）在定植前采用环刀法测定田间持水率。

（3）土壤体积含水率。盆栽土壤含水率采用 TDR-TRIM 仪测定土壤 10cm 深处的土壤水分含量（逄春浩，1994），每个处理随机测量 3 盆，每 7～10 天测一次，并用烘干法修正，在灌水前后加测，取三盆土壤水分含量的平均值作为该处理的土壤水分含量。温室小区试验时采用中子仪测量土壤水分含量，并用烘干法修正。测量深度分别为 10cm、20cm、30cm、40cm、50cm 处土壤水分含量值。每 7～10d 测一次，并用烘干法在各生育期修正。

2. 环境因子的测定

（1）空气相对湿度、温度、太阳辐射的测定。利用安放在温室内的小型自动气象站测定，每隔 1h 自动记录一次。

（2）土壤温度。利用地温计测定，地温计分别探测距地表 15cm 深度土壤的温度，在全生育期每天的 8:00、10:00、12:00、14:00、16:00、18:00 各记录一次。

3. 形态指标的测定

（1）西瓜株高、茎粗的测定。每个处理选取 3 株，定值缓苗后，每 7d 左右测定一次。株高采用米尺从西瓜植株茎秆基部开始量取。茎粗采用游标卡尺，量取西瓜基部茎秆直径，分别量取后取平均值，固定量取部位。

（2）单叶叶面积的测定。从西瓜定植缓苗后开始，选取植株顶部大小一致呈三尖形的初展叶片挂牌标记，每处理标记 12 片叶子，叶面积计算公式为

$$\ln A = d + \alpha \ln L_c + \beta \ln W_c \qquad (6\text{-}2)$$

式中，A 为叶面积，cm^2；L_c 为叶长，cm；W_c 为叶宽，cm；$d=-0.364$；α、β 为修正系数，以后每 1～2d 测量 1 次，直至叶面积基本不再变化。

（3）叶片数（片/棵）、主根系长（cm）、根系鲜重（g/棵）、冠鲜重（g/棵）、根系干重（g/棵）、冠干重（g/棵）在各个生育阶段末期取根时测量。

试验结束时测量各部分（根、茎、叶）的干物质积累量（徐刚等，2005）及蔓长和茎粗。测定方法：在各生育期取根后，将根部泥土冲洗

干净，再将植物地上与地下部分分开后装入纸袋，105℃杀青30min后，75℃恒温下烘至恒量，电子天平（感量为 0.01g）上称干重。每颗植株地上部分与地下部分生物量之和为该处理的单株生物量，并计算根冠比（%），根冠比为根生物量（干重）与叶生物量（干重）之比（李滨胜等，2010）。

4. 生理指标的测定

（1）光合速率、蒸腾强度、气孔导度、叶片温度等的测定。采用 LI-6400（XT）光合仪每个生育阶段测日变化 1～2 次，期间选晴朗天气定点测定。

（2）叶片叶绿素含量的测定。采用 SPAD-502 叶绿素仪每 2～3d 测定一次（张建农等，2003），时间控制在早晨 8:30 左右。在每个生育阶段，采用 98%乙醇溶液浸提法，称取 0.1g 叶片样品，用剪刀剪碎，用 10mL 溶液浸提叶绿素，避光保存，时间为 24h。用 UV-750 型紫外-可见分光光度计测定浸提液在 663nm、645nm 处的光密度值，根据光密度值计算出叶绿素含量。

5. 西瓜品质的测定

待温室小型西瓜成熟后，在每个处理中随机选取 3 个具有代表性的西瓜进行品质分析。

（1）可溶性固形物含量采用 WAY-2S 型阿贝折射仪测定。

（2）维生素 C 含量采用滴定法。

（3）有机酸含量采用滴定法。

（4）可溶性总糖含量采用蒽酮比色法。

（5）可溶性蛋白含量采用考马斯亮蓝 G250 染色法。

6. 产量的测定

在成熟期后期分区采摘，用敏感度 0.01g 的天平称取，小区各处理单株产量的总和记为该处理的产量。

6.2　不同加氧频率对根区土壤水分状况的影响

土壤水分状况对作物生长发育有着重要的影响。适宜的土壤水分含

量是作物生长良好的重要环境参数，不适宜的土壤水分条件将明显延
迟作物的生长，特别是在作物幼苗和发芽阶段（王建东等，2008；Helms
et al.，1996）。

作物在不同生长发育阶段对土壤水分动态变化的响应是不同的，在
作物生长发育过程中，任何生育期的缺水或者连续一段时间土壤水分过
多，都会阻碍作物的生长发育（张晓萍等，2001），因此，了解加氧对
温室小型西瓜根区土壤水分状况的影响有利于为温室小型西瓜在生产
中优化灌水指标提供理论依据，并为将来农业生产中，可以根据土壤水
分的监测、预测结果及作物需水规律进行有计划的灌溉达到节水的目的
打下基础（刘燕等，2007）。

图 6-1 为相同灌水水平下，温室小型西瓜全生育期根区土壤水分
动态变化规律。本试验是在温室中进行的，地下水位较低，可忽略外
界环境的影响，因此根区水分变化主要是由加氧灌溉不同的加氧气频
率决定。从图中可以看出，根区土壤水分在苗期普遍较高，而在开花
坐果期和膨大期变化剧烈，主要是根系大量吸收水分供给地上部分生
长发育，成熟期趋于稳定；在几个处理中，土壤体积含水率 CK 一直
处于较高水平，而加氧处理的较低，这主要是根区加氧增强了根系有
氧呼吸，为根系吸水提供了能量，从而促进了根系对土壤水分的吸收，
T_8、T_2 根区土壤水分含量较低，这说明根区加氧效果显著，$T_2 > T_8$ 说
明文丘里加氧设备将水气混合输送到作物根区要比直接向根区通气对
作物根系吸水的效果更好；而 T_1、T_3 也促进了根系吸收水分，但效果

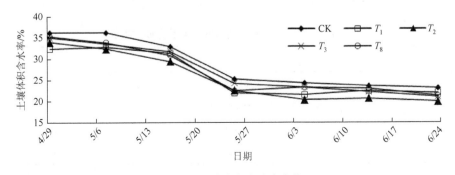

图 6-1　土壤含水率动态变化

不显著。不同加氧频率之间以 T_2 最低，这说明根区需氧浓度也存在一定范围。

6.3　不同加氧频率对根系活力及主根长的影响

根系是作物吸收水分、养分最重要的器官，根系活力是反映作物根系吸收功能的综合指标，根系的生长状况、代谢旺盛程度和活力变化直接影响地上部分茎叶的生长发育（杨素苗等，2010），根系活力的大小反映了根系代谢能力的强弱，直接影响作物生长和抗逆性。TTC 还原力反映了细胞内总脱氢酶活性，是反映植物体代谢活动的一个重要指标（李合生，2002）。较强的根系活力为地上部分的生长发育提供充足的水分和养分，促进开花和结果的形成。

通过表 6-3 可知，加氧灌溉条件下的根系活力与 CK 形成了 1%水平的极显著性差异，而且 T_2、T_1 和 T_3 之间形成了显著性差异，以 T_2 根系活力最强，说明根系活力对根区加氧后根区氧气浓度的响应是比较敏感的。氧气充足会促进根系有氧呼吸，这不仅有利于根系主动吸水，而且有利于根尖细胞分裂、根系生长和吸水面积的扩大。反之，如果 CO_2 浓度过高或 O_2 不足，则根的呼吸减弱，能量释放减少，这不仅影响根压的产生和根系吸水，而且会因无氧呼吸累积较多的乙醇使根系中毒受伤。在试验设计的加氧频率范围内，1 次/2d 的加氧频率使根系能够具有较强的活力，适宜作物的生长需要。

表 6-3　不同加氧频率的西瓜根系活力和主根长

处理	根系活力/[μg/(g·h)]	主根长/cm
CK	312.08Cc	24.53Cc
T_1	460.06ABb	27.67ABb
T_2	593.99Aa	29.27Aa
T_3	387.25BCbc	26.87Bb

加氧灌溉条件下的主根系长度比正常地下滴灌条件下的长，这说明

加氧灌溉促进了土壤的通气性，进一步促进了根系的生长和伸长；相同水分、不同加氧频率之间根长关系为 $T_2 > T_1 > T_3$，这可能是根区需氧量有一定范围，氧气浓度过高过低都不利于根系生长，可见 T_2 处理是比较适宜的加氧频率。

6.4　加氧灌溉对温室西瓜净光合速率的影响

光合速率（photosynthetic rate）是指光合作用固定 CO_2（或产生 O_2）的速度。CO_2 的固定速率也称为同化速率。在高等植物中多以每 $10cm^2$ 的叶面积在 1h 内所固定的 CO_2 毫克数 ［$mg\ CO_2/（10cm^2·h）$］表示。而分离的叶绿体多以每毫克叶绿素 1h 固定的 CO_2 微摩尔数 ［μmol $CO_2/$（mg 叶绿素·h）］表示。在光合作用中实测呼吸速率是很困难的，因此在黑暗条件中来求 O_2 的吸收（CO_2 的发生）速率，在光照条件下测定 O_2 的产生（CO_2 吸收）速率，把后者的值补加到前者的值中，称为总光合速率。同时，在光照条件下 O_2 的发生速率（CO_2 吸收）称为光合速率。在 10^4 尔格/（$cm^2·s$）以下的弱光条件下，光化学反应规则地控制光合作用速率，光合速率与光照强度间呈直线关系。当光照强度进一步增加到光合速率不再增加时的光强度，称为饱和光强度。通常饱和光强度越高，净光合速率也越大。

从图 6-2 和图 6-3 中可以看出，温室小型西瓜净光合速率日变化曲线为双峰型，中午 12 时左右出现"午休"现象。图 6-2 中的变化曲线表明，加氧处理的总体净光合速率较高，午休时间略短于对照处理，其中加氧处理的净光合速率 $T_2 > T_1 > T_3$，这说明根区加氧提高了植物体的同化作用，合成了更多的有机物；图 6-3 中的变化曲线表明，相同加氧频率条件下，T_2 与 T_8 基本一致，但 T_2 优于 T_8，这可能是因为文丘里加氧设备将水气混合，更有利于作物根区利用，通过压缩机向根区通气，在一定程度上提高了土壤通气性，但通入的气体不利于被根系利用。T_5 灌水量高于 T_2，可能造成根系通气性不良，影响了光合作用强度。

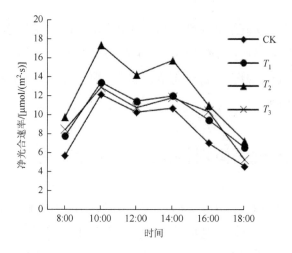

图 6-2　相同灌水量、不同加气频率下西瓜的光合速率

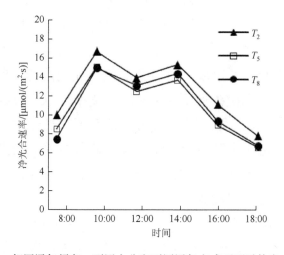

图 6-3　相同通气频率、不同水分和不同通气方式下西瓜的光合速率

6.5　不同处理对温室西瓜品质的影响

随着社会生产力的发展和人民生活水平的提高，人们对农作物特别是瓜果品质的要求也越来越高，特别是设施农业作物品质对商品的价值有很大影响。人们通过各种渠道来提高作物品质，节水灌溉方面，如地下滴灌等既节水又能改善作物品质的研究发展与应用，已取得了很大提高。加氧灌溉是一种新型高产高效的节水灌溉模式，在提高作物品质上

又上了一个台阶。通过试验分析加氧灌溉对温室小型西瓜品质的影响如表 6-4、表 6-5 所示。

表 6-4　不同加氧频率对西瓜品质的影响

处理	维生素 C 含量/（μg/100g）	可溶性蛋白含量/（mg/g）	可溶性总糖含量/%	有机酸含量/%	糖酸比
CK	393.68Bc	0.71Bc	8.67Bc	2.49Aa	3.49Bc
T_1	575.58Aab	0.94Aa	10.73AaBb	2.44Aab	4.39ABb
T_2	619.51Aa	0.83ABb	12.07Aa	2.24Ab	5.39Aa
T_3	492.83ABb	0.77Bbc	9.97ABbc	2.38Aab	4.20ABbc

表 6-5　不同加氧处理对西瓜品质的影响

处理	维生素 C 含量/（μg/100g）	可溶性蛋白含量/（mg/g）	可溶性总糖含量/%	有机酸含量/%	糖酸比
T_2	619.51Bb	0.83Bb	12.07Aa	2.24Bc	5.39Aa
T_5	575.59Aa	0.88Aa	9.7Ab	2.34Bb	4.15Bb
T_8	530.31Bc	0.78Cc	9.5Ab	2.45Aa	3.88Cc

6.5.1　可溶性总糖含量

从表 6-4 结果可知，可溶性总糖含量是决定温室小型西瓜品质好坏的重要指标。从本试验处理的结果分析得知，T_1 和 T_2 可溶性总糖含量比其他处理高，而且二者与 CK 之间形成了极显著性差异，其次为 T_3 处理，该处理与 CK 处理差异不显著，而 T_1、T_2 和 T_3 处理形成了显著差异。这不仅与加氧灌溉对果实糖度积累有关，还与果实成熟程度有关。CK 处理不加氧，生理活动与新陈代谢略低，果实成熟也较晚，T_1、T_2 处理果实中可溶性糖的浓度较大，口感相对要甜一些。从表 6-5 结果可知，相同加氧频率条件下的 T_2 与 T_5 和 T_8 差异显著，而 T_5 和 T_8 之间没有显著性差异，这说明以 $1.0E_p$ 处理的水分条件较适宜糖度积累。

6.5.2　有机酸含量

有机酸含量是影响温室小型西瓜品质差异的一个重要因素，有机酸含量过高会使味感酸，从而降低果实品质。从本试验处理的结果分析得知，CK 处理有机酸含量最高；T_2 含量最低，与 CK 差异显著；T_1、T_3 与 CK 差异不显著，这可能与果实的成熟程度有关，也可能是由于根区加氧对其产生了影响。对于相同水分、不同加氧频率处理的 T_1、T_2 和

T_3 在 1%极显著水平上的差异不显著，在 5%极显著水平上 T_2 与其他处理形成了显著差异。T_2 有机酸含量较其他处理低，品质较好，因此以 T_2 处理较为适合。从 T_2、T_5 和 T_8 差异性结果来看，三者之间 5%水平差异显著，以 T_2 有机酸含量最低，T_8 最高。

6.5.3　糖酸比

糖酸比是衡量瓜果品质的一个重要指标。糖酸比大的果实口感好，糖酸比小的果实口感差。分析比较各处理糖酸比的大小，加氧灌溉条件下的 T_1、T_2、T_3 处理明显比传统地下滴灌下的糖酸比大，这说明加氧灌溉是温室小型西瓜品质提高的一个重要因素；相同灌水量条件下糖酸比 $T_2 > T_1 > T_3$，这表明以 1 次/2d 的加氧频率更适宜作物生长，可作为加氧灌溉设计参数；相同加氧频率条件下糖酸比 $T_2 > T_5 > T_8$，这说明水分过高不利于果实品质，用空气压缩机向根区加氧没有水气结合处理对品质的影响显著。

6.5.4　维生素 C 含量

从试验测定的结果得知，维生素 C 的含量大小为 $T_2 > T_1 > T_3 > CK$。以 T_2 含量最高，且 T_1、T_2 和 T_3 与 CK 在 5%显著水平上形成了显著性差异，而 T_1 和 T_2 之间差异不显著，这说明加氧灌溉对西瓜品质维生素 C 影响明显。T_2、T_5 和 T_8 之间形成了显著性差异，且以 T_2 含量最高，这说明相同加氧频率条件下，水分过高不利于维生素 C 的积累，水气结合处理比水气分离处理可积累更多的维生素 C。

6.5.5　可溶性蛋白含量

通过试验结果分析可知，可溶性蛋白含量总体并不高，这可能与西瓜品种和季节性有关，但在各个处理上却差异性显著，含量大小顺序为 $T_1 > T_2 > T_3 > CK$、$T_5 > T_2 > T_8$。从各处理显著性分析得知，T_1 和 T_2 处理与 CK 在 1%极显著水平和 5%显著水平差异显著，T_1 和 T_2 处理之间在 5%显著水平差异显著，而 CK 和 T_3 没有显著性差异。说明加氧灌溉对果实中可溶性蛋白含量影响差异显著，以 T_1 和 T_2 处理为宜。相同加氧频率条件下 $T_5 > T_2 > T_8$，这说明水气结合处理要比单纯向根区通气蛋白质含量高，$T_5 > T_2$，但就含量之间数值差别也不大。

6.6　不同处理对温室西瓜单株产量的影响

西瓜是耐旱作物，但在全生育期需要大量的水分。特别是在团棵期、伸蔓期和膨瓜期，尤其要满足其对水分的需求，才能获得优良的品质和较高的产量。西瓜喜欢干燥的气候，多雨气候容易感病。但过于缺水，会影响植株的正常生长发育，或难以坐瓜，或果实个小，不利于优良品质的形成和产量的提高。西瓜极不耐涝，如果瓜田积水时，因土壤缺氧，会导致根系窒息，植株死亡。西瓜生长期多雨，会导致蔓叶徒长，授粉困难，难于坐瓜，产量和品质降低。

图 6-4 是不同处理之间西瓜单株产量的差异。T_1 为正常灌溉条件，其产量明显低于其他处理，与 CK 相比，T_1、T_2、T_3 和 T_8 处理的产量分别提高了 29.16%、41.01%、20.16% 和 24.50%，其中 T_2 处理的增产效果最显著，用空气压缩机向根区通气的处理以 T_8 产量提高最显著，但是提高幅度没有文丘里加氧器效果明显；以 1.25E_P 加氧灌溉处理之间关系为 $T_5 > T_6 > T_4$，产量没有以 1.0E_P 加氧灌溉处理的高，相同加氧频率、不同水分处理之间 $T_5 < T_2$，这可能是水分过多造成了根区缺氧，阻碍了根系正常代谢。总之，以蒸发皿系数为 1.0 加氧频率为 1 次/2d 最适宜温室小型西瓜的生长和产量的提高。

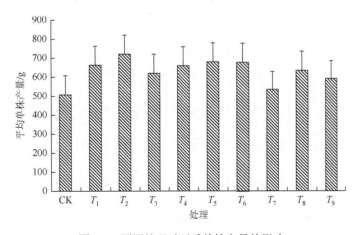

图 6-4　不同处理对西瓜单株产量的影响

参 考 文 献

阿吉艾克拜尔. 2006. 调亏灌溉对烟草生长发育及产量品质的影响研究[D]. 南京: 河海大学硕士学位论文.

仓晶, 王学东, 桂明株, 等. 2001. 狗枣猕猴桃果实生长发育的研究[J]. 果树学报, 18(2): 89-90.

柴红敏, 蔡焕杰, 王健, 等. 2008. 亏缺灌溉中土壤含水量的试验控制[J]. 安徽农业科学, 36(34): 15081-15082.

昌小平, 王嫒, 杨莉. 1996. 变水条件下不同抗旱性的冬小麦品种苗期根系活力及其水分状况的变化[J]. 植物生理学报, (3): 178-182.

常莉飞, 邹志荣. 2007. 调亏灌溉对温室黄瓜生长发育·产量及品质的影响[J]. 安徽农业科学, 35(23): 7142-7144.

陈洪波, 李天来, 孙周平, 等. 2009. 基质通气栽培对人工营养基质水气肥的影响[J]. 农业工程学报, 25(6): 198-203.

陈新明, Dhungel J, Bhattarai S, 等. 2010. 加氧灌溉对菠萝根区土壤呼吸和生理特性的影响[J]. 排灌机械工程学报, 28(6): 544-547.

陈玉民, 孙景生, 肖俊夫. 1997. 节水灌溉的土壤水分控制标准问题研究[J]. 灌溉排水, 16(1): 24-28.

陈志银, 范兴海. 2000. 农业气象学[M]. 杭州: 浙江大学出版社.

程福厚, 霍朝忠, 张纪英, 等. 2000. 调亏灌溉对鸭梨果实的生长、产量及品质的影响[J]. 干旱地区农业研究, 18(4): 72-76.

程先军, 许迪. 2001. 地下滴灌土壤水运动和溶质运移的数学模型及验证[J]. 农业工程学报, 17(6): 1-4.

程先军, 许迪, 张昊. 1999. 地下滴灌技术发展及应用现状综述[J]. 节水灌溉, (4): 13-15.

崔桂官, 徐礼勤. 2007. 温室大棚灌溉技术的探讨[J]. 节水灌溉, (6): 43-44, 48.

崔健, 张淑霞, 刘素芹, 等. 2008. 小型礼品西瓜日光温室秋季延迟栽培技术[J]. 落叶果树, 40(5): 59-60.

邓西平. 1999. 渭北地区冬小麦的有限灌溉与水分利用研究[J]. 水土保持研究, 6(1): 41-46.

邓月娥, 张传来, 牛立元, 等. 1998. 桃果实发育过程中主要营养成分的动态变化及系统分析方法研究[J]. 果实科学, 15(1): 50.

丁平海, 魏静, 王彦立. 1992. 分光光度法间接速测果实中 Vc 含量[J]. 河北农业大学学报, 15(3): 53-56.

董国锋, 成自勇, 张自和, 等. 2006. 调亏灌溉对苜蓿水分利用效率和品质的影响[J]. 农业工程学报, 22(5): 201-203.

顾曼如, 束怀瑞, 曲桂敏, 等. 1992. 红星苹果果实的矿质元素含量与品质关系[J]. 园艺学报, 19(4): 302-304.

郭超, 牛文全. 2010. 根际通气对盆栽玉米生长和根系活力的影响[J]. 中国生态农业学报, 18(6): 1194-1198.

郭海涛, 邹志荣. 2007. 调亏灌溉对番茄生理指标、产量品质及水分生产效率的影响[J]. 干旱地区农业研究, (3): 133-137.

郭相平, 康绍忠. 1998. 调亏灌溉一节水灌溉的新思路[J]. 西北水资源与水工程, 9(4): 22-25.

郭相平, 康绍忠. 2000. 玉米调亏灌溉的后效性[J]. 农业工程学报, 16(4): 58-60.

何华, 康绍忠, 曹红霞. 2001. 地下滴灌埋管深度对冬小麦根冠生长及水分利用效率的影响[J]. 农业工程学报, 17(6): 31-33.

何云核, 丁佐龙. 1992. 胡颓子果实营养成分分析[J]. 安徽农学院学报, 19(2): 117.

呼世斌, 冯贵颖, 赵晓农. 1998. 苹果对硒的吸收及其积聚特性研究[J]. 西北植物学报, 18(1): 110-115.

胡笑涛, 康绍忠, 马孝义. 2000. 地下滴灌灌水均匀度研究现状及展望[J]. 干旱地区农业研究, 18(2): 113-117.

胡笑涛, 梁宗锁, 康绍忠. 1998. 模拟调亏灌溉对玉米根系生长及水分利用效率的影响[J]. 灌溉排水学报, 17(2): 11-15.

黄立春, 赵晓明, 李秀明. 2007. 沈阳地区日光温室膜下灌溉技术[J]. 灌溉排水学报, 26(S1): 130-131.

黄兴法, 李光永. 2002. 地下滴灌技术的研究现状与发展[J]. 农业工程学报, 18(2): 176-181.

甲宗霞, 牛文全, 张璇, 等. 2011. 根际通气对盆栽番茄生长及水分利用率的影响[J]. 干旱地区农业研究, 6: 18-24.

江培福. 2006. 负压灌溉技术原理及其试验研究[D]. 北京: 中国农业大学博士学位论文.

焦群英, 王书茂. 1999. 用动力学方法检测水果坚实度的研究进展[J]. 力学进展, 29(4): 583-589.

金同铭, 崔洪冒. 1997. 苹果中蔗糖、葡萄糖、果糖、苹果酸的非破坏检测[J]. 华北农学报, 12(1): 92-96.

金锡凤. 1993. 桃果实发育期间几种成分的变化[J]. 落叶果树, (2): 27-29.

康绍忠, 张建华. 1997. 控制性交替灌溉———一种新的农田节水调控思路[J]. 干旱地区农业研究, 15(1): 1-6.

雷廷武, 江培福, Brahs V F, 等. 2005. 负压自动补给灌溉原理及可行性试验研究[J]. 水利学报, 36(3): 298-302.

李滨胜, 周玉迁, 潘杰, 等. 2010. 不同光照条件下 8 种地被植物生长状况分析[J]. 林业科技, 35(4): 69-71.

李道西, 罗金耀. 2003. 地下滴灌技术的研究及进展[J]. 中国农村水利水电, 7: 15-17.

李恩羊. 1982. 渗灌条件下土壤水分运动的数值模拟[J]. 水利学报, (4): 1-10.

李锋. 2000. 培肥地力四措施[J]. 农村天地, (3): 33.

李光永, 郑耀泉. 1996. 地埋点源非饱和土壤水运动的数值模拟[J]. 水利学报, (11): 47-51.

李合生. 2002. 现代植物生理学[M]. 北京：高等教育出版社.

李建吾, 毛光志, 余纪柱, 等. 2005. 逆境苗期黄瓜叶片几个生理生化形状的配合力分析[J]. 河南农业大学学报, 39(1): 57-61.

李胜利, 齐子杰, 王建辉, 等. 2008. 根际通气环境对盆栽黄瓜生长的影响[J]. 河南农业大学学报, 42(3): 280-282.

李天来, 陈亚东, 刘义玲, 等. 2009. 根际 CO_2 浓度对网纹甜瓜根系生长和活力的影响[J]. 农业工程学报, 25(4): 210-215.

李学勇. 2000. 推进新的农业科技革命的探索与实践[M]. 北京: 中国农业出版社.

李援农, 马孝义, 李建明. 2000. 保护地节水灌溉技术[M]. 北京: 中国农业出版社.

李志洪, 王淑华. 2000. 土壤容重对土壤物理形状和小麦生长的影响[J]. 土壤通报, 31(2): 55-57.

梁森, 韩莉, 李慧娴, 等. 2002. 水稻旱作栽培方式及调亏灌溉指标试验研究[J]. 干旱地区农业研究, 20(2): 13-19.

刘金铜, 蔡虹, 高福存. 1998. 丘陵山地元帅系苹果品质与气候条件初探[J]. 中国农业气象, 19(2): 25-28.

刘君璞, 许勇, 孙小武, 等. 2006. 我国西瓜甜瓜产业"十一五"的展望及建议[J]. 中国瓜菜, (1): 1-3.

刘明池. 2001. 负压自动灌水蔬菜栽培系统的建立与应用[D]. 北京: 中国农业科学院博士学位论文.

刘明池, 张慎好, 刘向莉. 2005. 亏缺灌溉时期对番茄果实品质和产量的影响[J]. 农业工程学报, (2): 92-95.

刘燕, 赵武, 郭文远, 等. 2007. 两种土壤水分监测仪测墒精度的比较[J]. 气象与环境科学, 30(S1): 175-178.

刘运武. 1998. 施用氮肥对温州蜜柑产量和品质的影响[J]. 土壤学报, 35(1): 124-127.

吕谋超, 仵峰, 彭贵芳, 等. 1996. 地下和地表滴灌土壤水分运动的室内试验研究[J]. 灌溉排水学报, (1): 42-44.

吕英民, 张大鹏. 2000. 果实发育过程中糖的积累[J]. 植物生理学通讯, 36(3): 258-265.

马孝义, 王凤翔. 2000. 果树地下滴灌灌水技术田间试验研究[J]. 西北农业大学学报, 28(1): 57-61.

孟兆江, 刘安能, 庞鸿宾, 等. 1998. 夏玉米调亏灌溉的生理机制与指标研究[J]. 农业工程学报, (4): 88-92.

苗平生, 毕敏. 1999. 现代果业技术与原理[M]. 北京: 中国林业出版社.

聂新富, 王一成, 孙武. 2002. 棉花地下滴灌试验初报[J]. 新疆农机化, (5): 22.

牛文全, 郭超. 2010. 根际土壤通透性对玉米水分和养分吸收的影响[J]. 应用生态学报, 21(11): 2785-2791.

逄春浩. 1994. 土壤水分测定方法的新进展——TDR 测定仪[J]. 干旱区资源与环境, (2): 69-76.

彭世彰, 丁加丽. 2004. 国内外节水灌溉技术比较与认识[J]. 水利水电科技进展, (4): 49-53.

彭彦明, 丰秀萍, 张国昌. 2009. 我国农业节水灌溉发展探析[J]. 山东省农业管理干部学院学报, 23(1): 58-59.

彭致功, 杨培岭, 段爱旺. 2005. 不同水分处理对番茄产量形状及其生理机制的效应[J]. 中国农学通报, 21(8): 191-195.

乔丽, 宫辉力, 赵文吉, 等. 2005. 再生水农业灌溉的研究[J]. 北京水利, (4): 13-15.

邱承剑. 水气平衡栽培不同畦宽对免耕水稻经济性状及产量的影响[J]. 广西农学报, 2008, 323(5): 7-10.

史文娟, 胡笑涛, 康绍忠. 1998. 干旱缺水条件下作物调亏灌溉技术研究状况与展望[J]. 干旱地区农业研究, 16(2): 84-88.

孙景生, 康绍忠, 蔡焕杰, 等. 2001. 控制性交替灌溉技术的研究进展[J]. 农业工程学报, 17(4): 1-5.

孙俊环, 龚时宏, 李光永. 2006. 地下滴灌不同土壤水分下限对番茄生长发育及产量的影响[J]. 灌溉排水学报, 25(3): 17-20.

孙周平. 2003. 根际气体环境对马铃薯块茎形成的作用机理研究[D]. 沈阳: 沈阳农业大学博士毕业论文.

孙周平, 郭志敏, 王贺. 2008. 根际通气性对马铃薯光合生理指标的影响[J]. 华北农学报, 23(3): 125-128.

王锋, 康绍忠, 王振昌. 2007. 甘肃民勤荒漠绿洲区调亏灌溉对西瓜水分利用效率、产量与品质的影响[J]. 干旱地区农业研究, 25(4): 123-128.

王建东, 龚时宏, 隋娟, 等. 2008. 华北地区滴灌灌水频率对春玉米生长和农田土壤水热分布的影响[J]. 农业工程学报, 24(2): 39-45.

王密侠, 康绍忠, 蔡焕杰, 等. 2000. 调亏对玉米生态特性及产量的影响[J]. 西北农业大学学报, 28(1): 31-36.

王仁才, 闫瑞香, 于慧瑛. 2000. 猕猴桃幼果期钙处理对果实贮藏和品质的影响[J]. 果树科学, 17(1): 45-47.

王荣莲, 龚时宏, 王建东, 等. 2005. 地下滴灌抗负压堵塞的试验研究[J]. 灌溉排水学报, 24(5): 18-21.

王圣梅, 姜正旺, 叶晓成, 等. 1995. 猕猴桃果实氨基酸及其变化的研究[J]. 果树科学, 12(3): 157.

王天铎. 1991. 黄淮海平原水资源的农业利用问题之一——水资源的概念及其估算[J]. 农业现代化研究, 12(1): 36-39.

王伟, 李光永. 2000. 利用工程措施改变地下滴灌土壤湿润模式的试验[J]. 节水灌溉, (3): 22-24.

王央杰, 李三玉. 1994. CPPU 促进果实肥大的机理及其在果树生产上的应用[J]. 落叶果树, (4): 15-17.

吴军, 刘秀芳, 徐汉生. 1999. 硒在植物生命活动中的作用[J]. 植物生理学通讯, 35(5): 417-422.

仵峰, 彭贵芳, 吕谋超, 等. 1996. 地下滴灌条件下土壤水分运动模型[J]. 灌溉排水学报, (3): 24-29.

仵峰, 宰松梅, 丛佩娟. 2004. 国内外地下滴灌研究及应用现状[J]. 节水灌溉, (1): 25-28.

肖卫华, 姚帮松, 张文萍. 2010. 作物加氧灌溉的研究[C]//中国农业工程学会农业水土工程专业委员会. 现代节水高效农业与生态灌区建设[M]. 昆明: 云南大学出版社: 751-756.

谢恒星, 蔡焕杰, 张振华. 2010. 间接地下滴灌对温室甜瓜植株形状、品质和产量的影响[J]. 农业机械学报, 29(3): 50-52.

谢永红, 欧毅, 曹照青, 等. 1992. 采前喷钙和 IAA 对锦橙果实品质的影响[J]. 西南农业大学学报, 14(6): 543-545.

徐刚, 郭世荣, 张昌伟, 等. 2005. 温室小型西瓜光会生产与干物质积累模拟模型[J]. 果树学报, 22(2): 129-133.

徐晖, 王飞, 郝文红. 1992. 甜樱桃果实发育及其营养成分的变化[J]. 果树科学, 9(4): 229.

徐亮. 2002. 中国节水农业理论与实践[M]. 北京: 中国农业出版社.

徐胜利, 李新民, 陈小青, 等. 2000. 篱壁形红富士苹果叶幕光照分布特性与产量品质关系研究[J]. 山西果树, (2): 3-5.

许迪, 康绍忠. 2002. 现代节水农业技术研究进展与发展趋势[J]. 高技术通讯, (12): 103-108.

许迪, 李益农. 2002. 田间节水灌溉新技术研究与应用[M]. 北京: 中国农业出版社.

许旭日, 诸涵索. 1995. 植物根部的水分倒流现象[J]. 植物生理学通讯, 31(4): 241-245.

杨素苗, 李保国, 齐国辉, 等. 2010. 根系分区交替灌溉对苹果根系活力、树干液流和果实的影响[J]. 农业工程学报, 26(8): 73-79.

杨咏丽, 崔成东, 周恩. 1994. 黑穗醋栗果实成熟过程主要营养成分变化规律[J]. 园艺学报, 21(1): 21-23.

姚建明, 徐艳芳. 1996. 香蕉品质的光测定方法[J]. 河北农业大学学报, 19(4): 43-47.

姚贤良, 程云生. 1986. 土壤物理学[M]. 北京: 农业出版社.

叶全宝, 李华, 霍中洋. 2004. 我国设施农业的发展战略[J]. 农机化研究, (5): 36-38.

于希志, 金锡凤, 徐秋萍, 等. 1992. 核果类果实营养成分测定及相关分析[J]. 落叶果树, (4): 22-25.

原保忠, 康跃虎. 2000. 番茄滴灌在日光温室内耗水规律的初步研究[J]. 节水灌溉, (3): 25-28.

岳兵. 1997. 渗灌技术存在的问题与建议[J]. 灌溉排水学报, (2): 40-44.

曾德超, 彼得·杰里. 1994. 果树调亏灌溉密植节水增产技术的研究与开发[M]. 北京: 北京农业大学出版社.

张春胜, 王钟经, 姜广仁, 等. 1992. 氮磷钾对莱阳茌梨产量与品质影响的研究[J]. 莱阳农学院学报, 9(3): 226-230.

张光伦. 1994. 生态因子对果实品质的影响[J]. 果树科学, 11(2): 120-124.

张桂香, 王呈祥, 高儒萍, 等. 2000. 土壤不同养分条件下高粱主要农艺性状的遗传分析[J]. 华北农学报, (2): 36-39.

张国祥. 1995. 地下滴灌(渗灌)的技术状况与建议[J]. 山西水利科技, (2): 51-54.

张辉, 张玉龙, 虞娜. 2006. 温室膜下滴灌灌水控制下限与番茄产量、水分利用效率的关系[J]. 中国农业科学, 39(2): 425-432.

张继澎. 1999. 植物生理学[M]. 西安: 世界图书出版公司.

张建农, 曹孜义, 陈年来, 等. 2003. 甜瓜不同品种叶表皮特性与光合速率的观测[J]. 甘肃农业大学学报, 38(1): 79-83.

张建新, 王丽玲, 王爱云. 2001. 滴灌技术在重盐碱地上种植棉花的试验[J]. 干旱区研究, 18(1): 43-45.

张敏, 蔡焕杰, 刘杰, 等. 2010. 根际通气对温室甜瓜生长特性的影响[J]. 灌溉排水学报, 29(5): 19-22.

张宁. 2009. 小型水利工程农户参与式管理模式及效率研究[M]. 北京: 中国社会科学出版社.

张思聪, 惠士博, 雷志栋, 等. 1985. 渗灌的非饱和土壤水二维流动的探讨[J]. 土壤学报, (3): 209-222.

张喜英, 由懋正, 王新元. 1999. 不同时期水分调亏及不同调亏程度对冬小麦产量的影响[J]. 华北农学报, 14(2): 1-5.

张晓萍, 陈金平, 王和洲, 等. 2001. 苗期不同土壤水分状况的秋黄瓜生理反应[J]. 灌溉排水, 21(3): 56-59.

张新生, 熊学林, 周卫, 等. 1994. 苹果钙素营养研究进展[J]. 土壤肥料, (4): 3-5.

张振华, 牛文全, 杨润亚, 等. 2015-01-07. 一种水气耦合高效灌溉系统技术方案: 201210143494. X [P].

赵玲萍, 王俊, 张凤娥, 等. 2010. 基于灰色残差-马尔可夫耦合模型的农业用水量预测研究[J].

节水灌溉, 11: 4-6.

赵同科. 1996. 植物锌营养研究综述与展望[J]. 河北农业大学学报, 19(1): 102-106.

赵旭, 李天来, 孙周平. 2010. 根际低氧胁迫对番茄植株叶片和果实碳水化合物代谢的影响[J]. 作物杂志, (2): 18-22.

赵育民, 牛树奎, 王军邦, 等. 2007. 植被光能利用率研究进展[J]. 生态学杂志, 26(9): 1471-1477.

郑健, 蔡焕杰, 陈新明, 等. 2009. 调亏灌溉对温室小型西瓜水分利用效率及品质的影响[J]. 核农学报, 23(1): 159-164.

周长吉. 2005. 温室灌溉[M]. 北京: 化学工业出版社.

周汉其, 张菊芳. 1994. 中华猕猴桃果实发育期营养成分的变化[J]. 果树科学, 11(3): 181-182.

周维博, 李佩成. 2001. 我国农田灌溉的水环境问题[J]. 水科学进展, 12(3): 413-417.

周文凤. 1998. 地下水超采警世录[N]. 中国水利报, 1998-03-21.

Aguilar E A, Turner D W, Gibbs D J, et al. 2003. Oxygen distribution and movement, respiration and nutrient loading in banana(*Musa* spp. L.)subjected to aerated and oxygen-depleted environments[J]. Plant Soil, 253: 91-102.

Annandale J G, Campbell G S, Olivier F C, et al. 2000. Predicting crop water uptake under full and deficit irrigation: An example using pea(*Pisum sativum* L cv. *Puget*)[J]. Irrigation Science, 19: 65-72.

Ayars J E, Hutmacher R B, Vail S S, et al. 1991. Cotton response to nonuniform and varying depths of irrigation[J]. Agricultural Water Management, 19(2): 151-166.

Bahadur L, Malhi C S, Singh Z. 1998. Effect of foliar and soil applications of zinc sulphate on zinc uptake, tree size, yield, and fruit quality of mango[J]. Journal of Plant Nutrition, 21(3): 589-600.

Bastiaanssen W G, Bandara K M. 2001. Evaporative depletion assessments for irrigated watersheds in Sri Lanka[J]. Irrigation Science, 21: l-15.

Bathke G R, Cassel D K, Hargrove W L, et al. 1992. Modification of soil physical properties and root growth responses[J]. Soil Science, 154(4): 316-329.

Bhattarai S P, Huber S, Midmore D J. 2004. Aerated subsurface irrigation water gives growth and yield benefits to zucchini, vegetable soybean and cotton in heavy clay soil[J]. Annals of Applied Biology, 144: 285-298.

Bhattarai S P, Midmore D J. 2004. Oxygation of rhizosphere with subsurface aerated irrigation water improves lint yield and performance of cotton on saline heavy clay soil[C]. In 4th International Crop Science Congress, Brisbane, Australia.

Bhattarai S P, Midmore D J. 2009. Oxygation enhances growth, gas exchange and salt tolerance of vegetable soybean and cotton in a saline vertisol[J]. Journal of Integrative Plant Biology, 51(7): 675-688.

Bhattarai S P, Midmore D J, Pendergast L. 2008. Yield, water-use efficiencies and root distribution of soybean, chickpea and pumpkin under different subsurface drip irrigation depths and oxygation treatments in vertisols[J]. Irrigation Science, 26: 439-450.

Bhattarai S P, Pendergast L, Midmore D J. 2006. Root aeration improves yield performance and water use effciency of tomato in heavy clay and saline soils[J]. Scientia Horticulturae, 108: 278-288.

Bhattarai S P, Su N H, Midmore D J. 2005. Oxygation unlocks yield potentials of crops in oxygen-limited soil environments[J]. Advances in Agronomy, (88): 314-377.

Biconet. 2005. Oxygen Plus[OL]. http: //www. biconet. com/soil/[2009-12-15].

Bielorai H. 1982. The effect of Partial wetting of the root zone on yield and water used efficiency in a drip-and sprinkler irrigated mature grapefruit grove[J]. Irrigation Science, (3): 89-100.

Bierhuizen J F, Slatyer R O. 1965. Effects of atmospheric concentration of water vapor and CO_2 in determining transpiration photo synthesis relationships of cotton leaves [J]. Agricultural Meteorology, 2: 229-270.

Blackman P G, Davies W J. 1985. Root to shoot communication in maize plants of the effects of soil drying[J]. Journal of Experimental Botany, 36: 39-48.

Boland A M, Mitchell P D, Jerie P H, et al. 1993. The effect of regulated defidt irrigation on tree water use and growth of peach[J]. Journal of Horticultural Science, 68(2): 261-274.

Boru G, Van Toai T, Alves J. 2003. Responses of soybean to oxygen deficiency and elevated root-zone carbon dioxide concentration[J]. Annals of Botany, 91: 447-453.

Brady N C, Weil R R. 1999. Soil aeration and temperature[A]. New York: Prentice Hall. In The Nature and Properties of Soils, 265-306.

Brandsma R T, Fullen M A, Hocking T J. 1999. Soil conditioner effects on soil structure and erosion[J]. Journal of Soil and Water Conservation, 54: 485-489.

Brotolini L. 2005. Injecting air into the soil with buried fertirrigation equipment[J]. Informatore Agrario, 61(19): 33-36.

Brzezinska M, Stepniewski W, Stepniewska Z, et al. 2001. Effect of oxygen deficiency on soil dehydrogenase activity in a pot experiment with triticale cv. Jago vegetation[J]. International Agrophysics, 15(3): 145-149.

Busscher W J. 1982. Improved growing conditions through soil aeration[J]. Communications in Soil Science and Plant Analysis, 13(5): 401-409.

Caldwell D S, Spurgeon W E, Manges H L. 1994. Frequency of irrigation for subsurface drip irrigation corn[J]. Transactions of the ASAE, 37(4): 1099-1103.

Camp C R. 1997. Subsurface drip irrigation lateral sapcing and management for cotton in the suoutheastern coastal plain[J]. Transactions of the ASAE, 40(4): 993-999.

Cannell R Q, Jackson M B. 1981. Alleviating aeration stresses[A]//In Modifying the Root Environment to Reduce Crop Stress[C]. Arkin G F, Taylor H M. ASAE Monograph No. 4, Michigan: 141-192.

Chalmers D J, Bllgge P H, Mitchell P D. 1986. The mechanism of regulation of "Bartlett" pear fruit and vegetative growth by irrigation with holding and regulated deficit irrigation[J]. Journal of the American Society for Horticultural Science, 11(6): 944-947.

Chalmers D J, Mitchell P D, Jerie P H. 1984. The physiology of growth control of perch an pear trees using reduced irrigation[J]. Acta Horticulture, 146: 143-148.

Chalmers D J, Van Den Ende B. 1975. Productivity of peach trees factors affecting dry-weight distribution during tree growth[J]. Annals of Botany, 39: 423-432.

Chalmers D J, Wilson I B. 1978. Productivity of peach trees: Tree growth and water stress in relation to fruit growth and assimilate demand[J]. Annals of Botany, 42: 285-294.

Cherif M, Tirilly Y, Belanger R R. 1997. Effect of oxygen concentration on plant growth, lipid peroxidation and receptivity of tomato roots to Pythium under hydroponics condition[J]. European Journal of Plant Pathology, 103: 255-264.

Crisosto C H, Day K R, Johnson R S, et al . 2000. Influence of in season foliar calcium spays on fruit quality and surface discoloration incidence of peaches and nectarines[J]. Journal of American Pomological Society, 54(3): 118-122.

Daigger L, Trimmer W, Yonts D. 1979. Effects of Soil Aeration on Plants[P]. Soil Science Research Report, Department of Agronomy, University of Nebraska, Panhandle station, Nebraska, USA.

Dani O. 2001. Who invented the tensiometer? [J]. Soil Science Society of America Journal, 65(1): 1-3.

Dasberg S. 1995. Drip and spray irrigation of citrus orchards in Israel[C]//Microirrigation for a changing world: Conserving resources/preserving the environment Proceedings of the Fifth International Microirrigation Congress, Orlando, Florida, USA, 2-6 April: 281-287.

Davies W J, Zhang J. 1991. Root signals and the regulation of growth and development of plants in drying soil[J]. Ann Review of Plant Biology, 42(1): 55-76.

Devitt D A, Milter W W. 1988. Subsurface drip irrigation of bermudagress with saline water[J]. Applied Agricultural Resources, 3(3): 133-143.

Domingo R, Ruiz-sánchez M C, Sánchez-blanco M J, et al. 1996. Water relations, growth and yield of Fine lemon trees under regulated deficit irrigation[J]. Irrigation Science, 16(3): 115-123.

Earl K D, Jury W A. 1977. Water movement in bare and cropped soil under isolated trickle emitters. Ⅱ. Analysis of cropped soil experiments[J]. Soil Science Society of American Journal, 41: 856-861.

Erdem Y, Yuksel A N. 2003. Yield response of watermelon to irrigation shortage[J]. Scientia Horticulturae, 98(4): 365-383.

Fábio M D, Rodolfo A L, Emerson A S, et al. 2002. Effects of soil water deficit and nitrogen nutrition on water relations and photosynthesis of pot-grown Coffea canephora Pierre[J]. Trees, 16: 555-558.

Fereres E, Evans R G. 2006. Irrigation of fruittreesand vines. An introduction[J]. Irrigation Science, 24(2): 55-57.

Frank A B, Barker R E, Berdahl J D. 1987. Water-use efficiency of grasses grown under controlled and field conditions[J]. Agronomy Journal, 79: 541-544.

Gibbs J, Greenway H. 2003. Meckmnism of anoxia tolerance in plants. Ⅰ. Growth, survival and anaerobic catabolism[J]. Functional Plant Biology, 30: 1-47.

Goorahoo D, Carstensen G, Zoldoske D F, et al. 2002. Using air in sub-surface drip irrigation(SDI) to increase yields in bell peppers[J]. International Water and Irrigation, 22(2): 39-42.

Green S R, Clothier B E. 1995. Root water uptake by kiwifruit vines following partial wetting of the root zone[J]. Plant and Soil, 137: 317-328.

Green S R, Clothier B E. 1997. The response of sap flow in apple roots to localized irrigation[J]. Agriculture Water Management, 33: 63-78.

Greenway H, Gibbs J. 2003. Mechanism of anoxia tolerance in plants. Ⅱ. Energy required for maintenance of energy distribution to essential processes[J]. Functional Plant Biology, 30:

999-1036.

Guthrie J, Walsh K. 1997. Non-invasive assessment of pineapple and mango fruit quality using near infra-red spectroscopy[J]. Australian Journal of Experimental Agriculture, 37(2): 253-263.

Hall G F. 1983. Pedology and geomorphology[A]//Pedogenensis and Soil Taxonomy Ⅰ. Concept and Interactions. Wilding L P, Spreck N E, Hall G F. York: Elsevier Science: 117-140.

Helms T C, Deckard E, Goos R J, et al. 1996. Soil moisture, temperature, and drying influence on soybean emergence[J]. Agronomy Journal, 88(4): 662-667.

Heuberger H, Livet J, Schnitzler W. 2001. Effect of soil aeration on nitrogen availability and growth of selected vegetables -preliminary results[J]. Acta Horticulturae, 563: 147-154.

Hilaire C, Mathieu V, Scandella D. 2000. The sugar content of peaches and nectarines-part2[J]. Infos, (162): 42-45.

Hiltunen L H, White J G. 2002. Cavity spot of carrot(*Daucus carota*)[J]. Annuals of Applied Biology, 141: 201-223.

Hodgson A S, Chan K Y. 1982. The effect of short-term waterlogging during furrow irrigation of cotton in cracking grey clay[J]. Australian Journal of Agricultural Research, 33(1): 109-116.

Hodgson A S. 1982. The effect of duration, timing and chemical amelioration of short-term waterlogging during furrlw irrigation of cotton in a cracking grey clay[J]. Australian Journal of Agricultural Research, 33(6): 1019-1028.

Huang B R, Nesmith D S. 1990. Soil aeration effects on root growth and activity[J]. Acta Horticulturae, 504: 41-49.

Huber S. 2000. New uses for drip irrigation: Partial root zone drying and forced aeration[D]. Germany, Munich: Technische Universitat Munchen.

Huck M G. 1970. Variation in taproot elongation rate as influenced by composition of soil air[J]. Agronomy Journal, 62: 815-818.

Jackson L P. 1962. The relation of soil aeration to the growth of potato sets[J]. American Potato Journal, 39: 436-438.

Jackson M B, Attwood P A, Brailsford R W, et al. 1994. Hormones and root-shoot relationships in flooded plants—An analysis of methods and results[J]. Plant and Soil, 167(1): 99-107.

Jackson M B, Brailsford R W, Else M A. 1992. Hormones and plant adaptation to poor aeration: A review[C]//Kuo G C. Adaptation of food crops to temperature and water stress. Taiwan: AVRDC, 13-18.

Jayawardane N S, Meyer W S. 1985. Measuring air-filled porosity changes in an irrigated swelling clay soil[J]. Australian Journal of Soil Research, 23: 15-22.

Kao C M, Chen S C, Su M C. 2001. Laboratory column studies for evaluating a barrier system for providing oxygen and substrate for TCE biodegradation[J]. Chemosphere, 44: 925-934.

Kato Z, Tejima S. 1982. Theory and fundamental studies on subsurface method by use of negmive pressure[J]. Transactions of JSIDRE, 101: 46-54.

Kumar K, Singh D P, Singh P. 1994. Influence of water stress on photosynthesis, transpir ation, water use efficiency and yield of Brassica juncea L. [J]. Field Crops Research, 37(2): 95-101.

Kurtz K W, Kneebone W R. 1980. Influence of aeration and genotypes up on root growth of creeping bentgrass at supraoptimal temperature[J]. International Turfgrass Society Research Journal, 3: 145-148.

Lamm F R, Stone L R. 1997. Optimum lateral spacing for subsurface drip irrigation corn[J]. Transactions of the ASAE, 89(3): 375-379.

Lamm F R, Stone L R, Manges H L, et al. 1997. Optimum lateral spacing for subsurface drip-irrigated corn[J]. Transactions of the ASAE, 40(4): 1021-1027.

Letey J. 1961. Aeration, compaction and drainage[J]. Calif. Turf Grass Culture, 11: 17-21.

Li D, Zhang J. 1994. Effect of upper soil drying on water use efficiency of maize plants[J]. Acta Phytobiologica Sinica, 4(2): 19-25.

Li Y J, Yuan B Z, Bie Z L, et al. 2012. Effect of drip irrigation criteria on yield and quality of muskmelon grown in greenhouse conditions[J]. Agricultural Water Management, 109: 30-35.

Liao C, Lin C. 2001. Physiological adaptation of crop plants to flooding stress[C]. Proceedings of the National Science Council, 25: 148-157.

Livingston B E. 1918. Porous clay cones for the auto-irrigation of potted plants[J]. Plant Worm, 21: 202-208.

Loveys B R, Dry P R, Stoll M, et al. 2000. Using plantphysiology to improve the water use efficiency of horticultural crops[J]. Acta Horticulturae, (537): 187-197.

Machado R M A, Rosario M D, Oliveira G, et al. 2003. Tomato root distribution, yield and fruit quality under subsurface drip irrigation[J]. Plant and Soil, (255): 333-341.

Mackay A D, Barber S S. 1987. Effct of cyclic wetting and drying of a soil on root hair growth of maize roots[J]. Plant and Soil, 104: 291-293.

Marini R P. 1999. Estimating apple diameter from fruit mass measurements to time thi nning sprays[J]. Hort Technology, 9(1): 109-113.

Mcglone V A, Jordan R B. 2000. Kiwifruit and apricot firmness measurement by the non-contact laser air-puff method[J]. Post harvest Biology and Technology, 19(1): 47-54.

Mchugh J. 2001. RWUE R and D program-Trickle irrigation-Milestone Report 2002. Subsurface drip irrigation(SDI)on heavy clay soils—An opportunity to increase WUE and reduce off-farm environmental impacts of cotton production[R]. Queensland Government, Department of Natural Resources and Mines, Emerald, Australia.

Mckee K L. 1996. Growth and physiological responses of neotropical mangrove seedlings to root zone hypoxia[J]. Tree Physiology, (16): 883-889.

Mclaren R G, Cameron K C. 1996. Soil aeration and temperature[A]// McLaren R G, Cameron K C, Soil science: Sustainable production and environmental protection[C]. Auckland: Oxford University Press.

Meek B D, Detar W R, Rolph D, et al. 1990. Infiltration rate as affected by an alfalfa and no-till cotton cropping system[J]. Soil Science Society of America Journal, 54: 505-508.

Meyer W S, Barrs H D, Smith R C G, et al. 1985. Effect of irrigation on soil oxygen status and root and shoot growth of wheat in a clay soil[J]. Australian Journal of Agricultural Research, 36: 171-185.

Mitchell P D, Jerie P H, Chalmers D J. 1984. The effects of regulated water deficits on pear tree growth, flower, fruit growth and yield[J]. Journal of the American Society for Horticultural Science, 109(5): 604-606.

Mitchell W H, Tilmon H D. 1982. Underground trickle irrigation: The best system for small farms[J]. Crop Soils, 34: 9-13.

Nakano Y. 2007. Response of tomato root systems to environmental stress under soilless culture[J]. Japan Agricultural Research Quarterly, 41(1): 7-15.

Or D. 2001. Who invented the tensiometer? [J]. Soil Science Society of America Journal, 65(1): 1-3.

Pawel W. 1999. Effect of boron fertilization of Dabrowicka prune trees on growth, yield, and fruit quality[J]. Journal of Plant Nutrition, 22(10): 1651-1664.

Phene C J, Beale O W. 1992. Maximizing water use efficiency with subsurface drip irrigation[R]. ASAE Paper 922090, Charlotte, NC.

Philip J R. 1971. General theorem on steady infiltration from surface sources, with application to point and line Sources[J]. Soil Science Society of America Journal, 35(6): 867-871.

Philip J R. 1984. Travel times from buried and surface infiltration point sources[J]. Water Resources Research, 20(7): 990-994.

Qiu R J, Kang S Z, Li F S H, et al. 2011. Energy partitioning and evapotranspiration of hot pepper grown in greenhousewith furrow and drip irrigation methods[J]. Scientia Horticulturae, 129: 790-797.

Rajashekar C B, Baek K H. 2014. Hydrogen peroxide alleviates hypoxia during imbibition and germination of bean seeds(Phaseolus vulgaris L.) [J]. American Journal of Plant Sciences, 5(24): 3572-3584.

Read D W L, Fleck S V, Pelion W L. 1962. Self-irrigating greenhouse pots[J]. Agronomy Journal, 54: 467-468.

Richards L A, Loomis W E. 1942. Limitation ofauto-irrigators for controlling soil moisture under growing plant[J]. Plant Physiologyogy, 17: 223-235.

Sarkar R K, Das S, Ravi I. 2001. Changes in certain antioxidative enzymes and growth parameters as a result of complete submergence and subsequent re-aeration of rice cultivars differing in submergence tolerance[J]. Journal of Agronomy and Crop Science, 187(2): 69-74.

Scheible W R, Lauerer M, Schuize E D, et al. 1997. Accumulation fonitrate in the shoot acts as a signal to regulate shootroot allocation in tobacco[J]. The Plant Journal, 11(4): 671-691.

Shao G C, Liu N, Zhang Z Y, et al. 2010. Growth, yield and water use efficiency response of greenhouse-grown hot pepper under Time-Space deficit irrigation[J]. Scientia Horticulturae, 126: 172-179.

Shao G C, Zhang Z Y, Liu N, et al. 2008. Comparativeeffects of deficit irrigation(DI)and partial rootzone drying(PRD)on soil water distribution. water use, growth and yield in greenhouse grown hot pepper[J]. Scientia Horticulturae, (118): 11-16.

Shrivastava P K, Parikh M M, Sawani N G, et al. 1994. Effect of drip irrigation and mulching on tomato yield[J]. Agricultural Water Management, 25(2): 179-184.

Silberbush M, Gornat B, Goldberg D. 1979. Effect of irrigation from a point source(trickle)on oxygen flux and on root extension in the soil[J]. Plant Soil, (52): 507-514.

Sonali B, Mondal K K, Abhijit J, et al. 1999. Effect of pruning in Litchi cv. *Bombai*[J]. South India Horticulture, 47(1/6): 149-151.

Stanhill G. 1986. Water use efficiency[J]. Advances in Agronomy, 39: 53-85.

Taboada M A. 2003. Soil shrinkage characteristics in swelling soils. Lecture Notes. Dept. Ingen. Agric. Uso Tierra, Facultad de Agronomia. UBA. Buenos Aires, Argentina, 1-17.

Tan C S, Buttery B R. 1982. The effect of soil moisture stress to various fractions of the root system in transpiration, photosynthesis, and internal water relations of peach seedlings[J]. Journal of the American Society for Horticultural Science, 107: 845-849.

Tanaka A, Navasero S A. 1967. Carbon dioxide and organic acids in relation to the growth of rice[J]. Soil Science and Plant Nutrition, 13(1): 25-30.

Tardieu F, Davies W J. 1993. Integration of hydraulic and chemical signaling in the control of stomatal conductance and water status of droughted plant[J]. Plant, Cell & Environment, (16): 341-349.

Thomas A W, Kruse E G, Duke H R. 1974. Steady infiltration from line source buried in soil[J]. Transactions of the ASAE, 17(1): 125-128, 133.

Thongbai P, Milroy S, Bange M, et al. 2001. Agronomic responses of cotton to low soil oxygen during water logging[C]. In Proceedings of the 10th Australian Agronomy Conference, The Regional Network, Hobart, Australia.

Torabi M, Midmore D J, Walsh K B, et al. 2013. Analysis of factors affecting the availability of air bubbles to subsurface drip irrigation emitters during oxygation[J]. Irrigation Science, 31(4): 621-630.

Tu K, Jancsok P, Nicolai B, et al. 2000. Study of apple fruit quality based on the analysis of laser scattering image[J]. International Agrophysics, 14(1): 141-147.

Turner N C, Begg L E. 1981. Plant water relationship and adaptation to stress[J]. Plant and Soil, 58: 97-131.

Turner N C. 1990. Plant water relations and irrigation management[J]. Agriculture Water Manage, 17: 59-73.

Vendramini A L, Trugo L C. 2000. Chemical composition of acerola fruit (*Malpighia punicifolia* L.) at three stages of maturity[J]. Food Chemistry, 71(2): 195-198.

Visser E J W, Colmer T D, Blom C W P M, et al. 2000. Ckmnges in growth, porosity, and radial oxygen loss from adventitious roots of selected mono and dicotyledonous wetland species with contrasting types of aerenchyma[J]. Plant, Cell & Environment, 23: 1237-1245.

Volkmar K M. 1997. Water stressed nodal rrots of wheat: Effects on leaf growth[J]. Plant Physiology, (24): 49-56.

Vyrlas P, Sakellariou M M. 2005. Soil aeration through subsurface drip irrigation[C]// 9th international conference on environmental science and technology, 1000-1005. Rhodes ISI, Greece.

Walker R H, Li Z, Wehtje G. 2000. Roots improve with summertime air movement beneath greens[J]. Golf Course Management, 68: 72-76.

Wilcox W F, Mircetich S M. 1985. Influence of soil water matric potential on the development of Phytophthora root and crown rots of mahaleb cherry[J]. Phytopathology, 75(6): 973-976.

Wild M R, Koppi A J, Mckenzie D C, et al. 1992. The effect of tillage and gypsum application on the macropore structure of an Australian Vertisol used for irrigated cotton[J]. Soil Tillage Research, 22: 55-71.

Wuertz H. 2000. Subsurface drip irrigation: On-farm responses and technical advances[A]//Drip Irrigation for Row Crops[M]. Cooperative Extensive Service. Circular 573. College of Agricultural and Home Economics, New Mexico State University.

Xie J H, Cardenas E S, Theodore T W, et al. 1999. Effects of irrigation method on chile pepper yield and phytophthora root rot incidence[J]. Agricultural Water Management, 42: 127-142.

Xu Z, Adams P. 1994. Effect of inter-planted rice on the growth of tomato in deep solution culture and on the response to salinity[J]. Journal of Horticultural Science and Biotechnology, 69: 319-328.

Zeng C Z, Bie Z L, Yuan B Z. 2008. Determination of optimum irrigation water amount for drip-irrigated muskmelon(*Cucumis melo* L.)in plastic greenhouse[J]. Agricultural Water Manage, 96: 595-602.

Zenji K, Sanji T. 1982. Theory and fundamental studies on subsurface method by use of negative pressure[J]. Transactions of the Japanese Society of Irrigation, Drainage and Rural Engineering, 101: 46-54.

Zhang J, Zhang X, Liang J. 1995. Exudation rate and hydraulic conductivity of maize roots are enhanced by soil drying and abscisic treatment[J]. New Phytologist, 131(3): 329-336.

Zhao F, Zhang W J, Zhang X F, et al. 2012. Effect ofcontinuous aeration on growth and activity of enzymes related to nitrogen metabolism of different Rice Genotypes at tillering stage[J]. Acta Agronomica Sinica, 38(2): 344-351.

Zhou L L, Christopher D A, Paull R E. 2000. Defoliation and fruit removal effects on papaya fruit production, sugar accumulation, and sucrose metabolism[J]. Journal of the American Society for Horticultural Science, 125(5): 644-652.

Zhu L F, Yu S M, Jin Q Y. 2012. Effects of aerated irrigation on leaf senescence at late growth stage and grain yield of rice[J]. Rice Science, 19(1): 44-48.

Zobel R W. 1992. Soil environmental constraints to root growth[J]. Advances in Soil Sciences, (19): 27-51.